SAGD 井作业关键工艺技术

庞德新　编著

石油工业出版社

内 容 提 要

本书从作业角度简述 SAGD 井相关基础知识和关键工艺技术，并对 SAGD 井的基本概念、配套地面流程及设施、井下结构、作业关键工艺技术等进行详细介绍，针对其特殊性从装置配套、工具选用、工艺设计等方面系统阐述 SAGD 井作业过程中的关键技术。

本书可供 SAGD 井管理及工艺技术人员参考阅读，也可作为特种工艺技术案例教材供大专院校参考。

图书在版编目（CIP）数据

SAGD 井作业关键工艺技术 / 庞德新编著 .—北京：
石油工业出版社，2021.7

ISBN 978-7-5183-4723-0

Ⅰ.①S… Ⅱ.①庞… Ⅲ.①稠油开采 - 热力采油 - 研究 Ⅳ.① TE345

中国版本图书馆 CIP 数据核字（2021）第 128091 号

出版发行：石油工业出版社
（北京安定门外安华里 2 区 1 号　100011）
网　　址：www.petropub.com
编辑部：（010）64523712　图书营销中心：（010）64523633
经　　销：全国新华书店
印　　刷：北京晨旭印刷厂

2021 年 7 月第 1 版　2021 年 7 月第 1 次印刷
787×1092 毫米　开本：1/16　印张：9.25
字数：210 千字

定价：60.00 元
（如出现印装质量问题，我社图书营销中心负责调换）

前言 /PREFACE

蒸汽辅助重力泄油（Steam Assisted Gravity Drainage，SAGD）技术是众多热采工艺（包括蒸汽驱、蒸汽吞吐、SAGD、火烧油层）中最有效的工艺方法之一。SAGD 稠油开发技术于 1978 年由加拿大 R.M.Butler 博士等人根据注水采盐原理提出。SAGD 工艺具有以下特点。

（1）利用重力作为驱动原油的主要动力，产量由油藏的泄油能力决定。

（2）注入高干度蒸汽、利用汽化潜热加热油藏。

（3）利用水平井增加油藏接触面积，可获得较高的日产量和采收率。

SAGD 工艺一经提出便应用于超稠油、特超稠油的开发，在加拿大和中国的新疆油田、辽河油田均取得了较高的采收率和较好的经济效益，并在国内外得到大规模工业化应用。

对于 SAGD 规模化应用过程中还面临一系列重要问题。在勘探开发环节，如地质、油藏、工艺适用性等方面均进行了大量的研究并取得一定的成果；但对于配套工程作业技术环节，如地面控制、工艺流程、井筒维护作业、井下机具等关键工艺环节的配套及适用性研究尚处于不断发展和完善阶段。

鉴于油藏条件、井身特点、工艺参数、管杆结构、井控设施等与常规井显著不同，SAGD 井作业无论从地面设施、作业装备、作业工具还是从工艺设计、安全环保控制角度均有特殊的要求。

2017 年 5 月，某油田作业区带压更换光杆作业井喷事件，引发了我们对 SAGD 井作业工艺的反思，提高了对 SAGD 井作业工艺及过程管控的重视程度，加速了对 SAGD 井作业工艺的深入研究和技术验证。经过三年多的理论研究、分析和现场应用试验，系统梳理和总结了 SAGD 井作业涉及的关键工艺技术，形成了共五章十六节的技术总结，为国内外超稠油 SAGD 开采提供工程技术经验。

第一章根据新疆油田原油物性与相关标准间存在的差距和特点，对相关基本概念进行了深入解释，对国内外超稠油特点及适合的开采方式进行了分析和比较，重点对新疆油田超稠油 SAGD 工艺的开发方式、地面流程、井深和管杆结构及特殊性进行了总结。本章主要由郭新维、单朝晖、庞惠文、秦本良编写。

第二章从作业角度对 SAGD 井的特殊性进行了一一分析，重点分析总结了 SAGD 井作业与常规稠油井作业的显著不同，并针对这些特殊性提出作业时应关注的关键点和重点环节。本章主要由庞德新、张元、申玉壮编写。

第三章对新疆油田 SAGD 井口控制技术进行了总结，分别从 SAGD 井口装置的结构、功能、设计、应用与维护角度进行了详细的描述。不同于国内其他油田的卡箍式热采井口，新疆油田 SAGD 井口全部设计为承压能力更强、可靠性更高的法兰式端部和出口连接。根据新疆油田 SAGD 工艺特点，经过 5 年的研究与试验，研发设计应用了 2 个系列 5 种型号的 SAGD 注采井口装置，形成了具有独立自主产权的 SAGD 井口专有技术。产品共取得国家专利 6 项，其中发明专利 2 项。该技术共获得省部级技术进步奖 2 项。制订并发布中国石油天然气股份有限公司企业标准 2 项。本章主要由庞德新、申玉壮、高亮编写。

第四章对 SAGD 水处理技术、过热蒸汽发生器和蒸汽品质提升技术进行了总结。针对新疆油田超稠油的特点，普通干度的蒸汽无法达到很好的开采效果，我们从 2008 年开始研究，首创了过热蒸汽发生技术，研发设计 3 个额定蒸发量、2 种额定工作压力的过热蒸汽发生器。该技术共取得国家专利 5 项，其中发明专利 2 项；共获得省部级技术进步奖 3 项。本章主要由贡军民、林森明、万喜军、张晓彩、路亚莉编写。

第五章分别从连续油管、带压作业、冷冻暂堵、热平衡压井 4 个方面对 SAGD 井作业过程中的关键工艺技术进行了总结。这些技术均为近几年新兴并快速发展的技术，国内其他油田在常规油气井上应用得较多，而鲜有 SAGD 井应用的先例。我们经过近 10 年的攻关和试验，通过工艺研究、设备设施配套研究、专用工具研究与试验，成功将这些技术大量应用在 SAGD 井上，创造了许多国内乃至国际首例。这些技术共取得国家专利 4 项，其中发明专利 1 项，取得省部级技术进步奖 1 项，制订并发布各类标准 5 项。本章主要由郭新维、贡军民、庞惠文、赵忠祥、秦本良、朱艺、吴警宇、万喜军、侯启太、莫张裔编写。

SAGD 工艺作为非常规油藏开发的主体工艺之一，从工程作业角度而言，任何一个细节都将决定作业的成败。本书提及的每一个细节和结论，均是经过反复试验和验证的。如果不按照规范作业，会直接影响作业的效果和效率，甚至酿成事故。经过多年的积累和总结，我们针对 SAGD 井作业形成了 20 项企业标准和技术规范，形成了本书附录内容。严格按照标准和规范作业，才能确保 SAGD 井作业过程的安全。

本书由庞德新统稿，作者团队根据大量的实践经验从工程技术角度对新疆油田 SAGD 井作业关键技术进行了系统总结。在工艺技术理论和实践方面提出了自己的认识，希望能给从事 SAGD 工程作业的管理、技术和操作人员给予指导和帮助。

　　由于编者能力有限，加之 SAGD 工艺技术尚处于快速发展和进步之中，书中内容难免存在不妥之处，欢迎读者批评指正。

目录 /CONTENTS

第一章　基 础 知 识

第一节　基 本 概 念

一、稠油是什么

原油是由分子量为数十到数千、数目众多的烃类和非烃类化合物组成的复杂混合物，主要元素组成是碳 C（83%～87%）和氢 H（10%～14%），除此之外还有硫 S（0.05%～8%）、氮 N（0.02%～2%）、氧 O（0.05%～2%）和一些重金属元素。

稠油是沥青质和胶质含量较高、黏度较大的原油。按联合国调查训练研究署（UNITAR）标准，通常把地面密度大于 943kg/m³、地下黏度大于 50mPa·s 的原油叫稠油。因为稠油的密度大，所以也叫做重油。

稠油和稀油的差别在于稀油的烃的组成（饱和烃＋芳香烃）一般很大，最大可达 95%，而稠油的烃的组成较小，油越稠，烃的组成一般越小，最少可在 20% 以下，稠油大多随着非烃类和沥青质的增加，密度和黏度一般呈规律性增大。同时稠油一般都因含有硫、镍、钒、钼等重金属，也表现为密度较大。

沥青质是原油中分子量最大（可达 2000 以上）、极性最强的非烃组分。一般把原油中不溶于非极性的小分子正构烷烃而溶于苯的物质称为沥青质。外观是黑褐色至黑色的无定形固体，受热时不熔化，性脆易碎裂成片，其相对密度稍大于 1。

胶质是原油中分子量（一般在 800～1000）及极性仅次于沥青质的大分子非烃化合物，外观是黑棕色至黑褐色的、极为黏稠不易流动的液体或无定形固体，受热时熔化，其相对密度略小于 1。

胶质、沥青质分子的基本结构是以多个芳香环组成的芳香环系为核心，周围连接环烷环和芳香环，这些环上还带有若干个长度不一的正构或异构的烷基侧链，还含有可形成氢键的羟基、氨基、羧基、羰基等，因此胶质分子之间、沥青质分子之间及二者相互之间有强烈的氢键作用。

胶质和沥青质的分子性质最接近，一部分胶质（极性较大、和沥青质极性接近的部分）可以和沥青质共同构成胶核，极性稍小的胶质可以吸附在胶核上，形成溶剂化层，对胶核起保护作用。沥青质和胶质含量的升高使体系的分散相的体积分率升高，使体系的黏度增大。

二、稠油的分类

（1）联合国调查训练研究署（UNITAR）推荐的重油分类标准见表 1–1。

表 1-1 UNITAR 重油分类标准

分类	第一指标	第二指标	
	黏度, mPa·s	60°F（15.6℃）下相对密度 r	60°F（15.6℃）下重度, °API
重质油	100~10000	0.934~1.000	10~20
沥青	>10000	>1.000	<10

注：°API=141.5/r−131.5, r 为原油相对密度。

（2）中国稠油沥青质含量低，胶质含量高，金属含量低，稠油黏度偏高，相对密度则较低，其分类标准见表 1-2。

表 1-2 中国稠油分类标准

分类	第一指标	第二指标	开采方式
	黏度, mPa·s	相对密度（20℃）	
普通稠油	50*（或 100）~10000 亚 50*~100* 类 100~10000	>0.9200	可以先注水再热采
			热采
特稠油	10000~50000	>0.9500	热采
特稠油 （天然沥青）	>50000	>0.9800	热采

注：* 指油层条件下原油黏度，无 * 者为油层温度下脱气原油黏度。

三、中国稠油的特性

（1）轻质馏分很少，胶质含量高，沥青质含量高；

（2）稠油黏度偏高，相对密度则较低，稠油黏度随密度的增加而增加，但不呈线性关系；

（3）含硫量低，一般小于 0.8%；

（4）金属含量低；

（5）石蜡含量低；

（6）对温度敏感性很大。

稠油黏度随温度升高而降低，图 1-1 为中国某油田稠油黏度与温度的关系。

四、中国稠油资源分布

中国稠油资源丰富，居世界第五。可采资源量为 22.58×10^8t，主要分布在准噶尔、松辽、塔里木、鄂尔多斯、柴达木以及四川盆地等大盆地中。埋深 100m 以下的稠油、油砂地质资源量为 41.14×10^8t，占总资源量的 68.9%，可开采资源量为 11.27×10^8t。

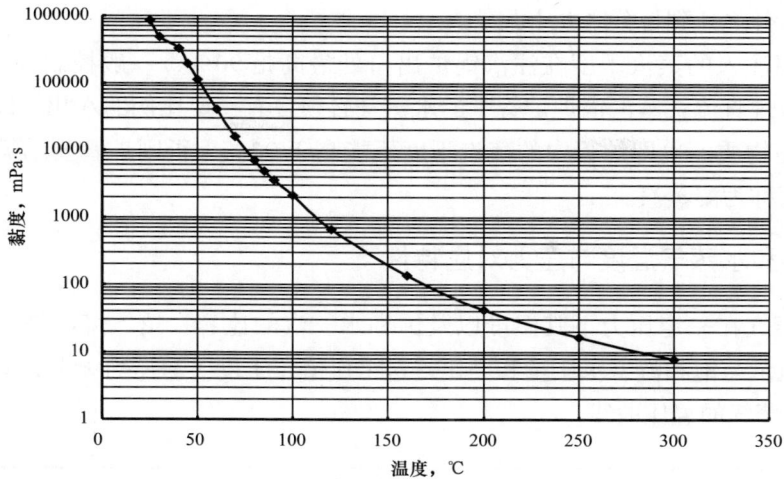

图 1-1 某油田稠油黏温关系曲线图

新疆油田稠油分布于准噶尔盆地西北缘和东部两大油区 6 个油田。截至 2018 年年底,新疆稠油累计探明含油面积 344.22km²,地质储量 5.87×10^8t。探明已开发储量 3.93×10^8t。

五、水蒸气的热物性

如果将水连续加热,并保持一定外压力,水温升高,引起液态水的蒸汽压力逐渐增加,达到和外压力相等时,液态水吸取的热量达到饱和点,开始汽化。此时的对应温度叫做某个外压力下的饱和温度。此时的压力叫饱和压力,此时水相的热量,通常称作显热。

水的饱和温度随绝对压力增加而对应增加。水的饱和温度与饱和压力呈对应的线性关系。在某个稳定压力下,水的温度低于此压力下的饱和温度,则水是热水。如果水的温度 T 等于饱和温度 T_s,称作饱和水。

当饱和水继续被加热,液态水开始汽化,成为水与汽两相混合体,此时的温度并不增加。吸收的热量用于水的汽化。水的汽化所需要的热能称作汽化潜热。此时水蒸气的热量多少用干度来表达,蒸汽干度 X_s 就是汽相占有的重量百分数。当将饱和水继续加热达到完全汽化时,此时的蒸汽称作饱和蒸汽,其干度为 100%,也叫做干蒸汽,即水相重量比为零。

如果继续加热,饱和蒸汽吸收更多的热量后,在固定压力下,蒸汽的温度将升高,超过了饱和温度,此时的蒸汽称作过热蒸汽。

六、饱和水蒸气的热物性

为什么要用水作热载体?在绝对压力为 0.1MPa 条件下水的比热为 4.1868kJ/(kg·℃),水的汽化潜热 L_v 为 2259.2kJ/kg,和其他任何液体相比,水具有最大的比热容及汽化潜热焓,并且水更容易获得。因此,水是最好的注热载体。

稠油注蒸汽开采方法采用的是湿饱和蒸汽,湿饱和蒸汽就是汽水两相混合物,也即蒸汽的干度由百分之几到百分之九十几。

稠油油田注入的蒸汽干度在注汽锅炉出口处最高是90%，一般控制在80%~85%。这是因为在常规直流式蒸汽锅炉炉管中的水蒸气必须含有一定比例的水相，以带走锅炉供给水中的结垢物质，也即炉管中的蒸汽干度不能高于90%，否则炉管要结垢。平常也将湿饱和蒸汽简称为湿蒸汽。

（一）饱和水蒸气温度与压力对应特性

饱和水蒸气在一定压力下其温度以及饱和水、汽的比容、焓、熵都是定值。干度是饱和水蒸气质量与饱和汽、水质量和之比，这个比值（干度）与压力无关，必须实测。图1-2为饱和水蒸气的温压曲线。

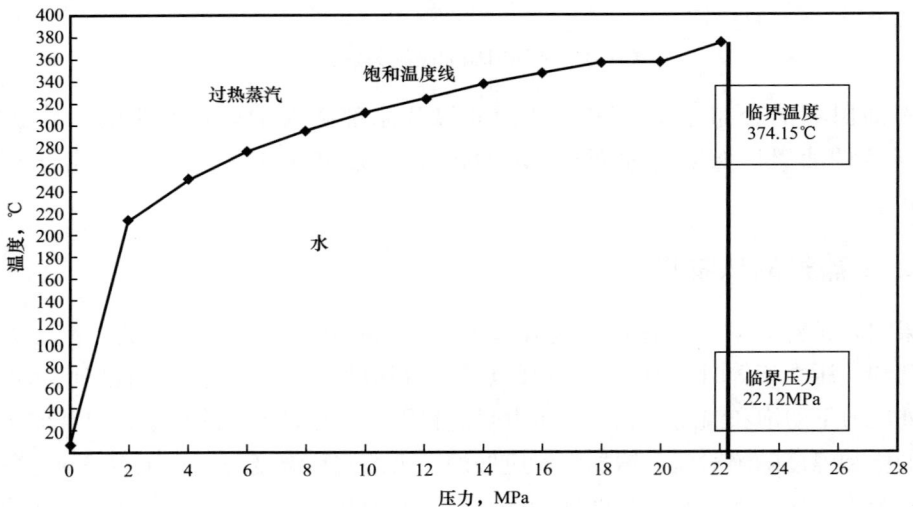

图1-2　饱和水蒸气的温压曲线图

（二）蒸汽的汽化潜热

湿饱和蒸汽的热焓随压力变化很大，汽化潜热 L_v 随压力增加而减少，而显热 H_{ws} 随压力增加而增加。潜热与显热之和即湿饱和蒸汽的总热焓，其在较低压力下最大，随着压力升高而逐渐减小。当压力达到临界点时，由于汽化潜热变为零，总热焓降到最低点。图1-3为湿饱和蒸汽的热焓随压力变化关系曲线图。

在相同压力下，蒸汽干度越高，蒸汽的热焓越大。注蒸汽压力越低，蒸汽干度越高，注入油层中的等量蒸汽的热量越高。图1-4为蒸汽的热焓与干度之间的关系。

可以看出，高干度条件下，较低的注汽压力具有更高的热焓。

（1）蒸汽的比容概念：单位重量的饱和蒸汽（干蒸汽）占据的体积称作饱和蒸汽的比容，V_s。

（2）单位重量的饱和水占据的体积称作饱和水的比容，V_w。

（3）湿饱和蒸汽的比容 V_{ws} 是干蒸汽与饱和水的比容之和。

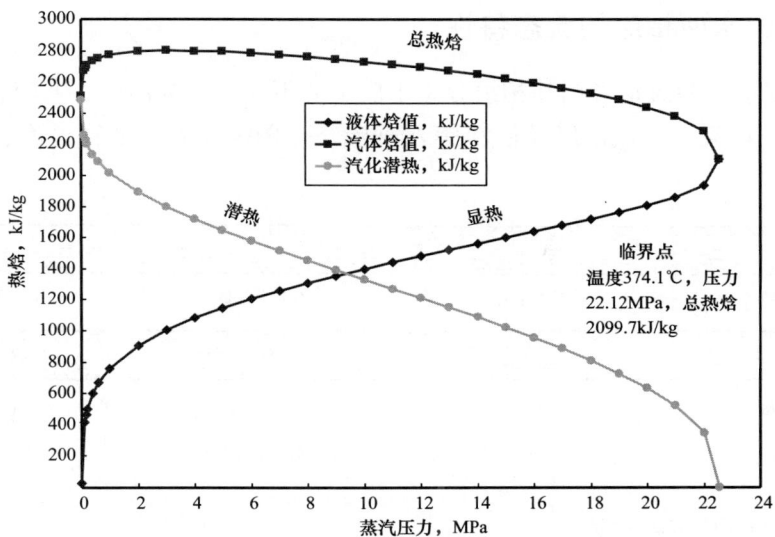

图 1-3 湿饱和蒸汽的热焓随压力变化曲线图

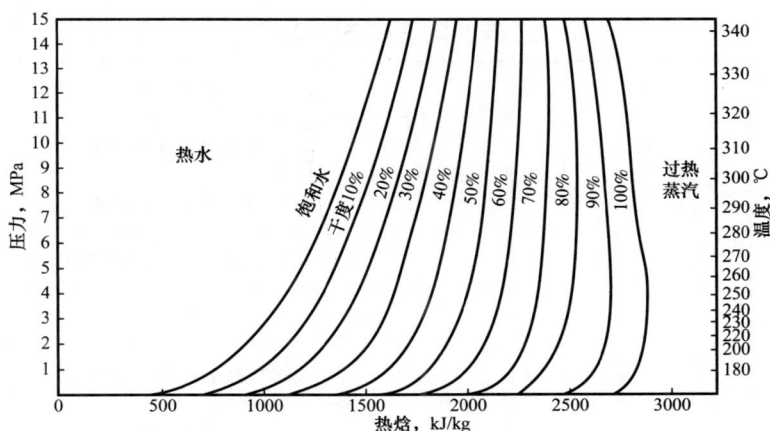

图 1-4 蒸汽的热焓与干度关系曲线图

饱和水的比容远比蒸汽的比容小得多，而且干度越高，蒸汽的比容越大。不同干度的蒸汽在不同压力下的体积与相同重量水的体积倍数变化很大。在 7.0MPa 压力下，80% 干度的蒸汽体积是饱和水（干度为零）体积的 22.6 倍；如果压力降为 5.0MPa，则变为 32.4 倍。图 1-5 为蒸汽的比容与压力之间的关系曲线图。

因此注蒸汽开采稠油时，在满足注入压力的条件下注入蒸汽的干度要尽可能高，注蒸汽的压力要尽可能低，这样的开发效果较好。

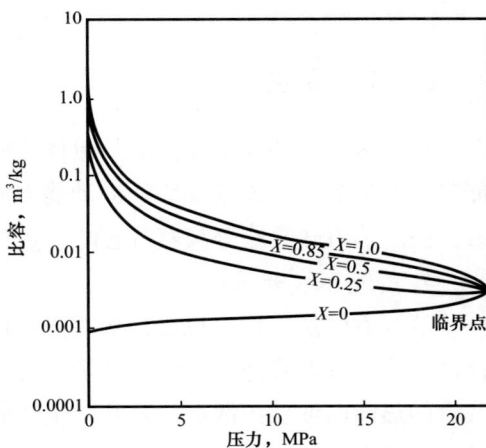

图 1-5 蒸汽的比容与压力关系曲线图

七、汽、水两相流的流态特性

湿饱和水蒸气的流动根据其相组分（干度）的不同可分为泡流、塞流、分层流、波流、段流、半环流、环流，以及散流等八种流态。图1-6为水平管道汽、水两相流流态图。

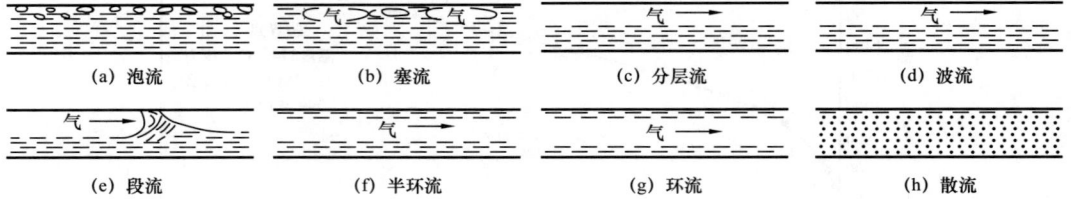

(a) 泡流   (b) 塞流   (c) 分层流   (d) 波流

(e) 段流   (f) 半环流   (g) 环流   (h) 散流

图 1-6　水平管道汽、水两相流流态图

八、稠油的开采方式

稠油开采方式及主体工艺见表1-3。

表 1-3　稠油开采工艺

稠油开采方式	冷采	出砂冷采
		油砂露天开采方式
		溶剂辅助重力泄油
	热采	蒸汽吞吐开采（目前常用）
		蒸汽驱开采
		SAGD 开采方式（推广应用）
		火烧驱油开采
		其他开采方式

（一）热采法

热力采油是指向油藏注入热流体或使油层就地发生燃烧形成移动热流，主要靠利用热能降低原油黏度，以增加原油流动能力的方法。热力采油法是开采地下黏度大的原油的有效方法。蒸汽热采法分为蒸汽吞吐、蒸汽驱和SAGD（蒸汽辅助重力泄油）开采方式。

1. 蒸汽吞吐开采

蒸汽吞吐法，顾名思义是指在同一口井中，注汽和采油交替进行。蒸汽吞吐又叫周期性注蒸汽、蒸汽浸泡、蒸汽激产等，就是先向油井注入一定量的蒸汽，关井一段时间，待蒸汽的热能向油层扩散后，再开井生产的一种开采重油的增产方法。图1-7为蒸汽吞吐开采工艺基本原理。

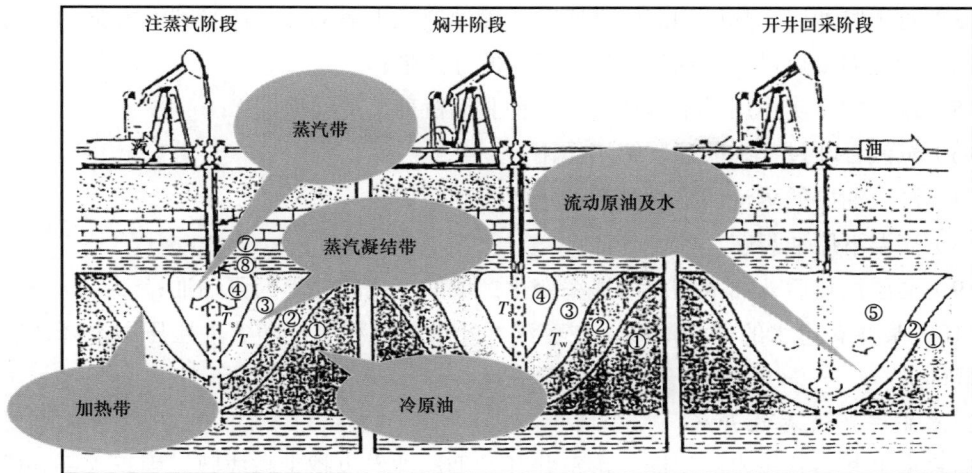

图 1-7　蒸汽吞吐开采工艺基本原理图

蒸汽吞吐采油是目前一项最成熟的开采技术。它主要是一种激励技术，用这种方法来降低稠油的黏度和清洗井筒，利用油藏天然能量使原油流入井筒，降低原油黏度和水的黏度，提高油水渗流能力。清洗井眼及近井地带，改善油井的完善程度，一般在第一、二个吞吐周期后就不再有大的变化了。蒸汽吞吐采油是一个不断补充热能和压能的过程，同时又是不断泄压和排出热流体的过程。图 1-8 为蒸汽吞吐开采工艺过程。

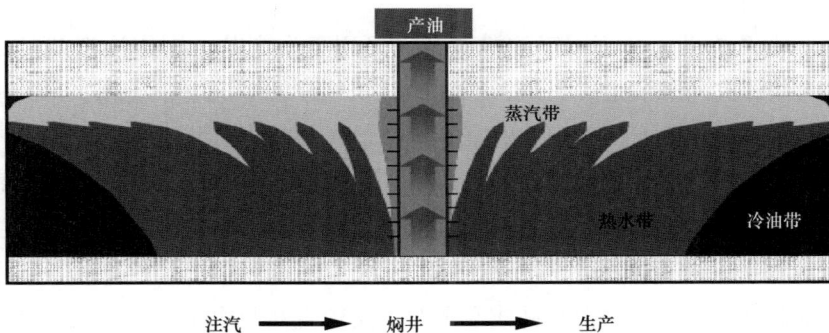

图 1-8　蒸汽吞吐开采工艺过程图

蒸汽吞吐开采与自然衰竭式开采不同，其生产效果与操作条件、井底蒸汽干度、油藏压力有关。蒸汽吞吐开采一般具有以下特点：

（1）产出量高于注入量，排出流体的热焓低于注入流体；

（2）油层压力渐次衰竭而油层温度缓慢升高的开采过程；

（3）普通稠油蒸汽吞吐的采收率一般在 25% 左右，不会超过 30%，超稠油吞吐采收率更低。

蒸汽吞吐增产十大机理是：

（1）油层中原油加热后黏度大幅度降低，流动阻力大大减小；

（2）对于油层压力高的油层，油层的弹性能量在加热油层后也充分释放出来，成为驱油能量；

（3）对于厚油层，热原油流向井底时，除油层压力驱动外，还受到重力驱动作用；

（4）带走大量热量，冷油补充进入降压的加热带；

（5）地层的压实作用是不可忽视的一种驱油机理（地层塌陷）；

（6）蒸汽吞吐过程中的油层解堵作用；

（7）注入油层的蒸汽回采时具有一定的驱动作用；

（8）高温下原油裂解，黏度降低；

（9）油层加热后，油水相对渗透率变化，增加了流向井筒的可动油；

（10）某些有边水的稠油油藏，在蒸汽吞吐采油过程中，随着油层压力下降，边水向开发区推进。

2. 水平井蒸汽吞吐开采

随着水平井钻井技术的发展，水平井开发稠油技术也越来越成熟。由于水平井段与油层的接触面积大、单井控制储量多、注入油层的热利用率高，因此，利用水平井热采超稠油比直井具有更有利的条件。水平井开采具有以下特点：

（1）水平井吸气能力强、注汽速度高；

（2）水平井产液（油）能力强、采液（油）指数高；

（3）水平井井口温度高、高温采油期长，周期油汽比高；

（4）水平井吞吐生产排水期短，稳定含水率、回采水率高。

水平井开采稠油的优点如下。

（1）改善热采效果，既可用于注汽井，也可用于生产井。用作注汽井可提高注汽速率，用作生产井可提高采油量。另外，在地质认识到位的情况下，应用水平井可以使热采井网具有更大灵活性，从而改善扫油效率，增加最终采收率。

（2）对于多层稠油油藏，应用水平井可以大大减少生产井数。在若干产层钻不同的水平井，使注汽井与生产井井网相互转换，利用一层的蒸汽热量去加热另一层的生产井；也可以利用两口水平井进行热采，进行行列式驱油，使波及系数达到最大。在已开发的油田，为了提高采收率，常将加密井钻成水平井，实现直井与水平井行列式驱油，也可转换成所谓直井＋水平井驱泄复合 SAGD。

然而，利用水平井注蒸汽吞吐开采稠油也有自己的不足，容易出现水平井段动用不均、出砂维护困难以及汽窜调堵困难等问题。

同样，利用水平井开采稠油的优点，也可以进一步拓展出水平井蒸汽辅助重力泄油技术，也即 SAGD 开发技术。该工艺技术适宜开采超稠油，在国内已进入工业化推广应用阶段，如在辽河油田和新疆克拉玛依油田都已推广应用，年产 $200 \times 10^4 t$ 以上。而国外针对蒸汽辅助重力泄油技术发展更快，已经演变出多种开采工艺，例如 HASD（水平井环道加热蒸汽驱）、SAGD（蒸汽辅助重力泄油）、SD+SAGD（驱泄混合）、HP+SD（多底水平井吞吐＋气驱）。蒸汽辅助重力泄油技术等新开采机理的研究应用有效地改善了超稠油开发效果。图 1-9 为水平井蒸汽吞吐开采及衍生的蒸汽开发稠油技术对比图。

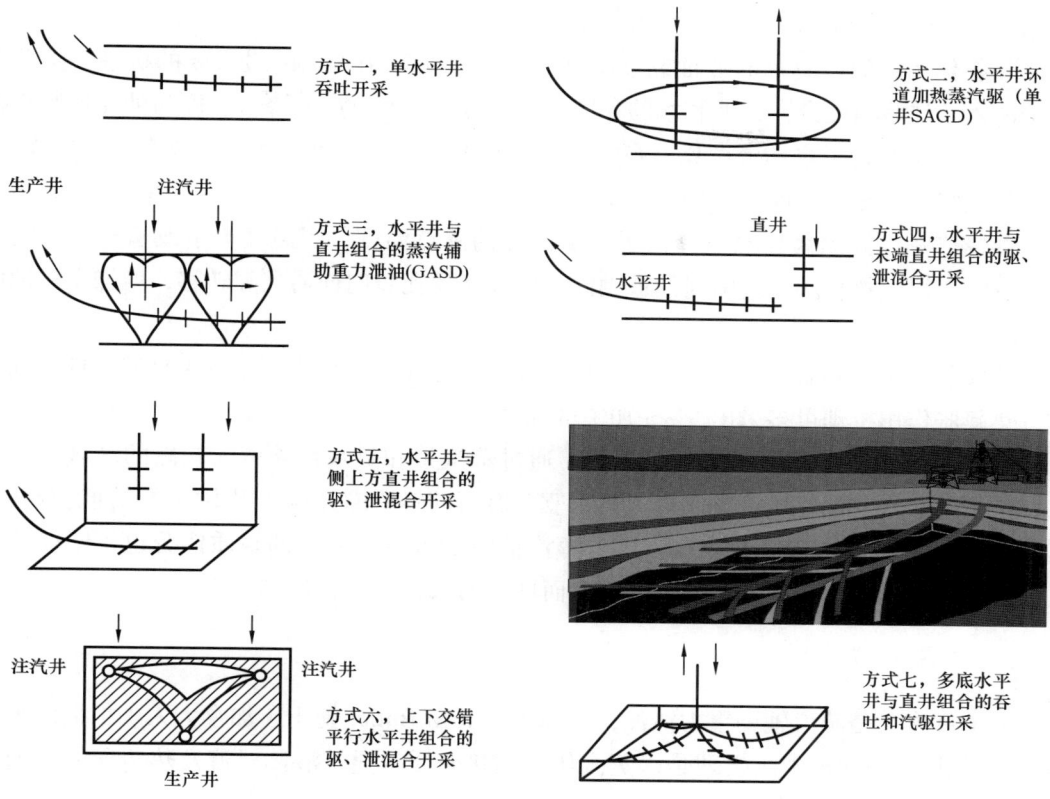

图1-9　水平井蒸汽吞吐开采及衍生的蒸汽开发稠油技术对比图

（二）蒸汽驱开采

蒸汽驱是指将蒸汽注入一口或多口井中，将地下黏度较大的稠油加热降黏，然后在蒸汽蒸馏的作用下，把原油驱向邻近多口生产井采出。蒸汽驱一般作为蒸汽吞吐开采后的接替技术，蒸汽驱与注水水驱十分相似。两种方法的根本区别在于蒸汽驱可提高稠油的采收率，既提供热能，又提供机械能；而注水只能提供机械能。图1-10为蒸汽驱开发机理图。

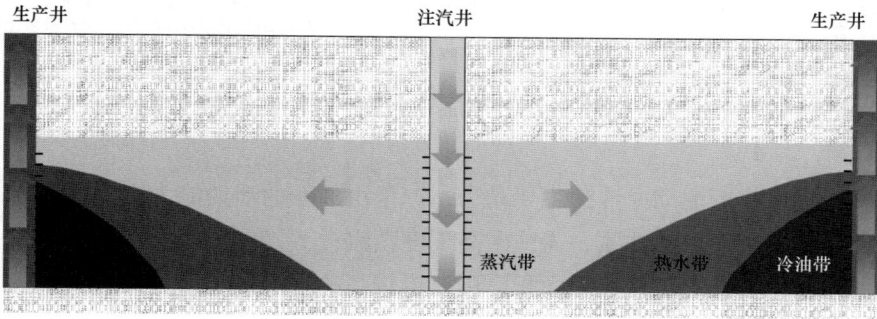

图1-10　蒸汽驱开发机理图

蒸汽驱过程中，有多种机理在不同程度地起作用，包括降黏作用、蒸汽的蒸馏作用、热膨胀作用、油的混相驱作用、溶解气驱作用和乳化驱作用等，其中起主导作用的是降黏作用、蒸汽的蒸馏作用、热膨胀作用和油的混相驱作用。

降黏作用：温度升高时原油黏度降低，是蒸汽驱开采稠油的最重要的机理，随着蒸汽的注入，油藏温度升高，油和水的黏度都要降低，但水黏度的降低程度与油相比则小得多，其结果是改善了水油流度比；在油的黏度降低时，驱替效果和波及效率都得到改善。这也是热水驱、蒸汽驱提高采收率的原因所在。

蒸馏作用：高温高压蒸汽降低了油藏液体的沸点温度，当温度等于或超过系统的沸点温度时，混合物将沸腾，引起油被剥蚀，使油从死孔隙向连通孔隙转移，增加了驱油的机会。

热膨胀作用：随着蒸汽的注入，地层温度升高，油发生膨胀，变得更具流动性。利用这一热膨胀作用机理可多采出 5%～10% 的原油。

混相驱作用：水蒸气蒸馏出的馏分，通过蒸汽带和热水带被带入较冷的区域凝析下来，凝析的热水与油一块流动，形成热水驱。凝析的轻质馏分与地层中的原始油混合并将其稀释，降低了油的密度和黏度。随着蒸汽前沿的推进，凝析的轻质馏分也不断向前推进，其结果形成了油的混相驱。由混相驱而增加的采收率为 3%～5%。

（三）SAGD 开采

SAGD 含义是蒸汽辅助重力泄油，1978 年，R.M.Butler 博士（加拿大人）根据注水采盐原理提出 SAGD 技术。机理是以蒸汽作为加热介质，通过液体对流及热传导的共同作用，依靠重力作用开采稠油。

生产机理：注入高干度蒸汽，与冷油区接触，释放气化潜热加热原油；被加热的原油降低黏度和蒸汽冷凝水在重力作用下向下流动，从水平生产井中采出；蒸汽腔持续扩展，占据原油的体积。

SAGD 国内外发展现状：国外 SAGD 技术进入现场已有 30 年，已进入大规模工业化推广阶段，产量规模增长速度很快。图 1-11 为 SAGD 发展阶段图。

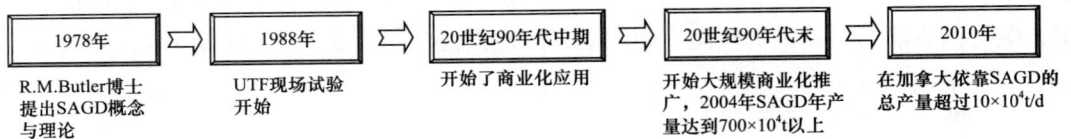

1978年	1988年	20世纪90年代中期	20世纪90年代末	2010年
R.M.Butler博士提出SAGD概念与理论	UTF现场试验开始	开始了商业化应用	开始大规模商业化推广，2004年SAGD年产量达到700×10⁴t以上	在加拿大依靠SAGD的总产量超过10×10⁴t/d

图 1-11　SAGD 发展阶段图

SAGD 的生产特点：

（1）利用重力作为驱动原油的主要动力，产量由油藏的泄油能力决定；

（2）利用汽化潜热加热油藏，需注入高干度蒸汽；

（3）利用水平井增加油藏接触面积，可获得较高的日产量和采收率。

1. 双水平井 SAGD 生产过程

双水平井 SAGD 生产井以成对形式出现，分别为注汽井和采油井。注汽井位于上部，持续注入高干度蒸汽；采油井位于下部，可连续采油。注汽井和采油井之间的关系如图 1-12 所示。

图 1-12　双水平井 SAGD 注采井关系图

　　双水平井 SAGD 生产主要分为循环通道建立、蒸汽腔上升、蒸汽腔横向扩展、蒸汽腔到达边界四个阶段。

　　循环通道建立阶段，注采井同时进行热循环，建立连通通道。蒸汽腔上升阶段，产量随时间而增加，当蒸汽腔上升到达油层的顶部时，产量达到高峰值。蒸汽腔横向扩展阶段，产量保持稳定。蒸汽腔到达边界阶段，即当蒸汽腔扩展到油藏边界或井组的控制边界时，蒸汽腔沿边界下降，产量也随之降低。图 1-13 为双水平井 SAGD 四个阶段蒸汽腔扩展情况。

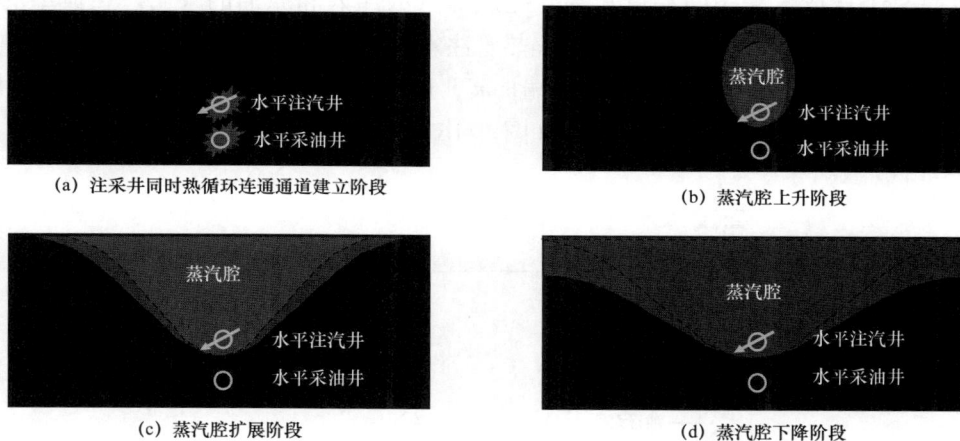

图 1-13　双水平井 SAGD 四个阶段蒸汽腔扩展示意图

　　随着蒸汽腔的不断发育和扩展，汽腔温度形成梯度。汽腔温度分布如图 1-14 所示。

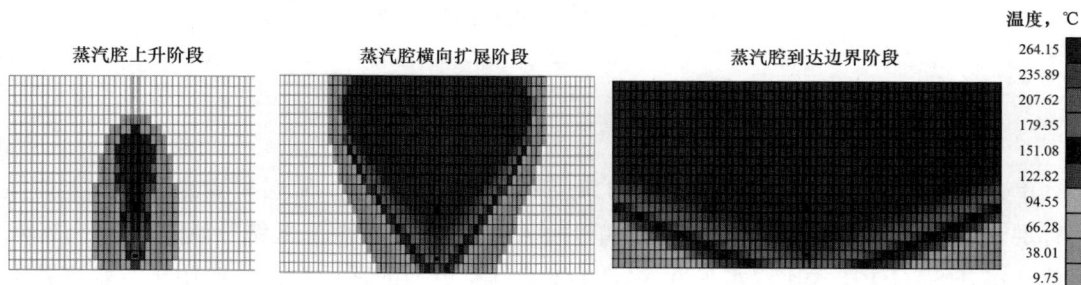

图 1-14　SAGD 汽腔温度分布图

2. 直井—水平井组合 SAGD

直井与水平井组合 SAGD 方式是利用直井注汽，水平井生产。与双水平井组合方式相比，注采井之间的距离较远，形成热连通的时间较长。图 1-15 为直井—水平井组合 SAGD 工艺示意图。

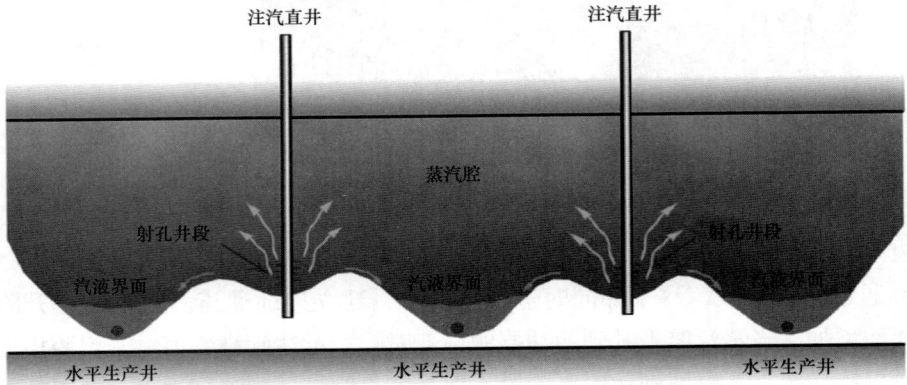

图 1-15　直井—水平井组合 SAGD 工艺示意图

3. 单井 SAGD

单井 SAGD 技术采用同一口水平井完成蒸汽的注入和原油的采出。在典型的单井 SAGD 工艺中，蒸汽通过隔热管或连续隔热管注入并从井底释放，蒸汽向上超覆加热井筒周围的油藏，蒸汽腔从水平井趾端向跟端扩展，被加热的原油在重力作用下排采至井底，通过生产油管举升至地面。其基本结构如图 1-16 所示。

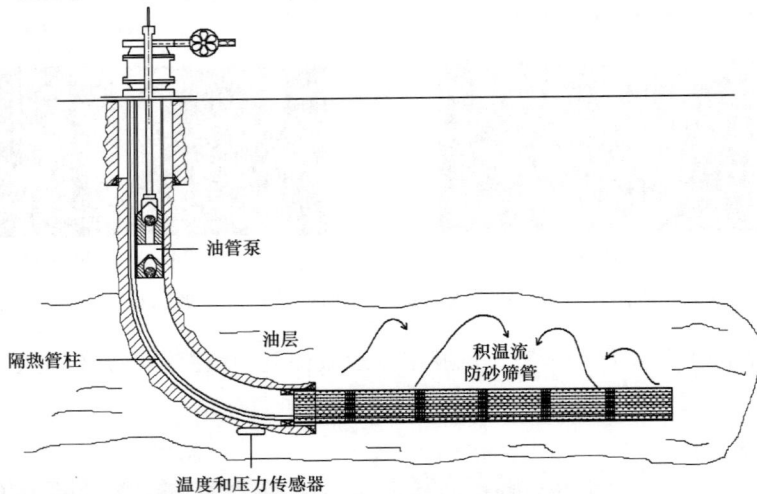

图 1-16　单井 SAGD 结构示意图

单井 SAGD 技术适用于油层更薄的薄层稠油油藏的开采。薄层稠油油藏纵向上往往没有足够的空间布置两口水平井，采用单井 SAGD 技术可显著降低钻井风险和施工成本。因此，单井 SAGD 技术比双水平井 SAGD 技术具有更强的适用性，一般用于双水平井无法开采或开采难度大的薄层区块。图 1-17 为某油田单井 SAGD 的生产情况。

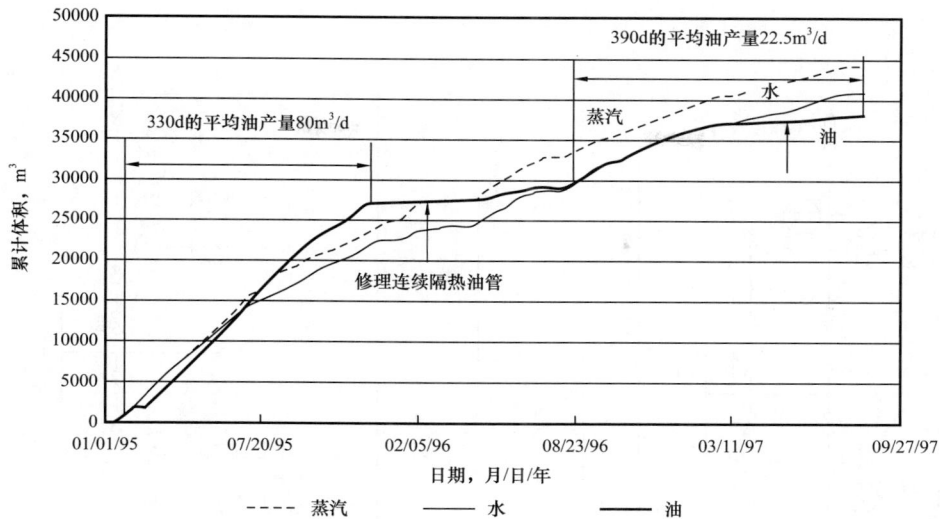

图 1-17 典型单井 SAGD 的生产动态图

第二节 SAGD 井口流程及设施

一、SAGD 井口流程

双水平井 SAGD 的地面井口流程应满足注汽井和生产井同时注汽、循环和注汽井注汽、采油井采油的工艺要求。经过长期的工艺验证，逐步形成了标准化的井口流程，其基本流程如图 1-18 所示。

循环预热阶段，主管注汽，副管返液。转入 SAGD 生产阶段后，注汽井按照配对采油井水平段测温情况选择主副管同时注汽或单管注汽，采油井采油，如需要二次连通时，通过调整井口注汽流程，对生产井进行蒸汽补充。

二、SAGD 井口注采管汇橇流程

随着模块化、橇装化地面设备的发展和进步，SAGD 井口采用橇装化井场，橇装设备提前在工厂预置，大幅降低地面施工周期。图 1-19 为 SAGD 井口注采管汇橇流程。

三、抽油机

SAGD 井具有原油黏度高、排液量大、连续抽吸等特殊性，因而工艺配套的抽油机不同于常规稠油井抽油机。SAGD 井抽油机要求具备具有长冲程、低冲次、可靠性高、占地空间小的特点。

SAGD 生产井使用的抽油机均为立式皮带抽油机，最大冲程可达到 8m。抽油机换向方式为链条式机械换向。经过长期的现场应用验证，皮带抽油机能够满足 SAGD 工况的要求且性能稳定可靠。图 1-20 为该抽油机现场安装图和技术参数。

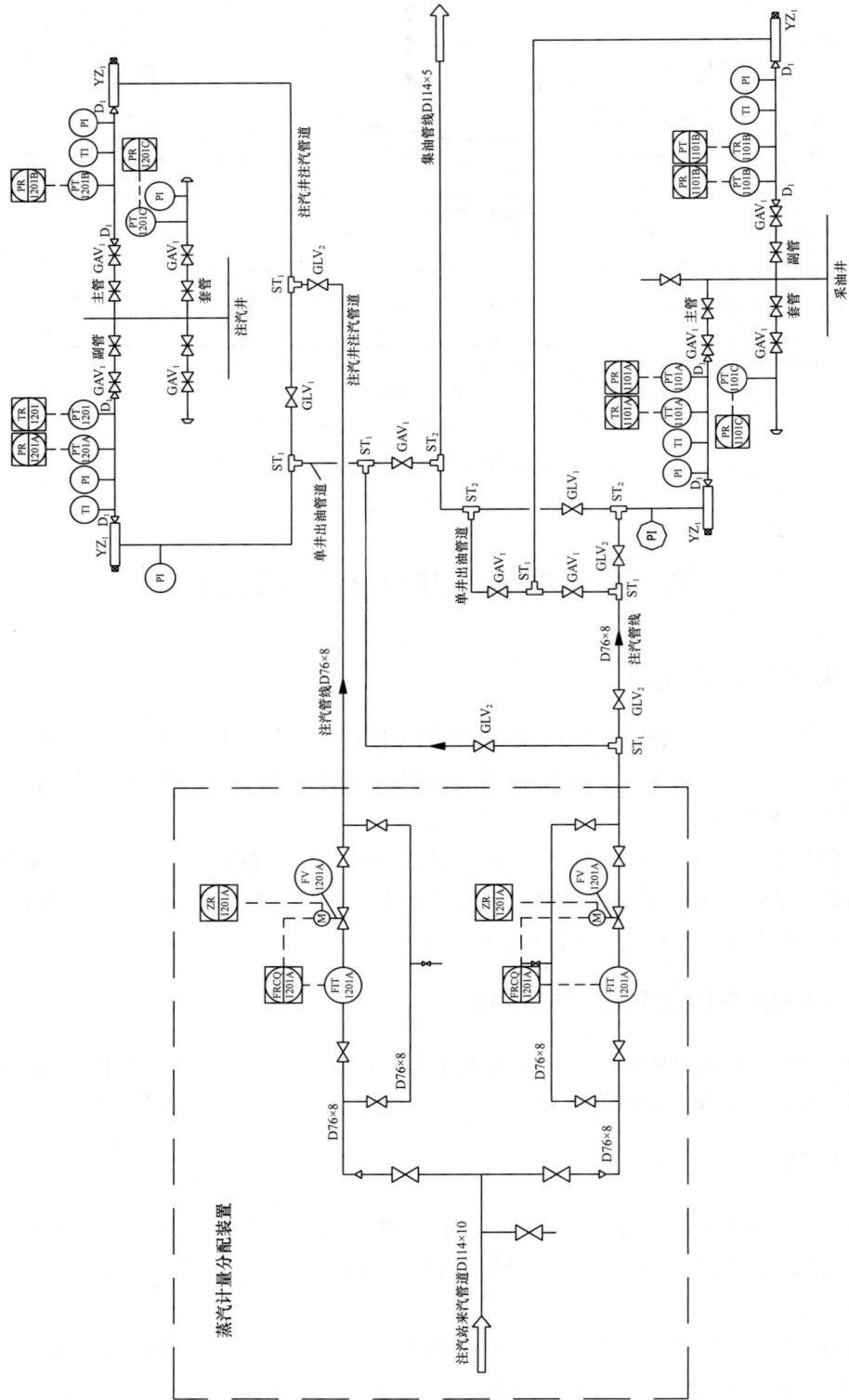

图 1-18　SAGD标准化井场工艺流程图

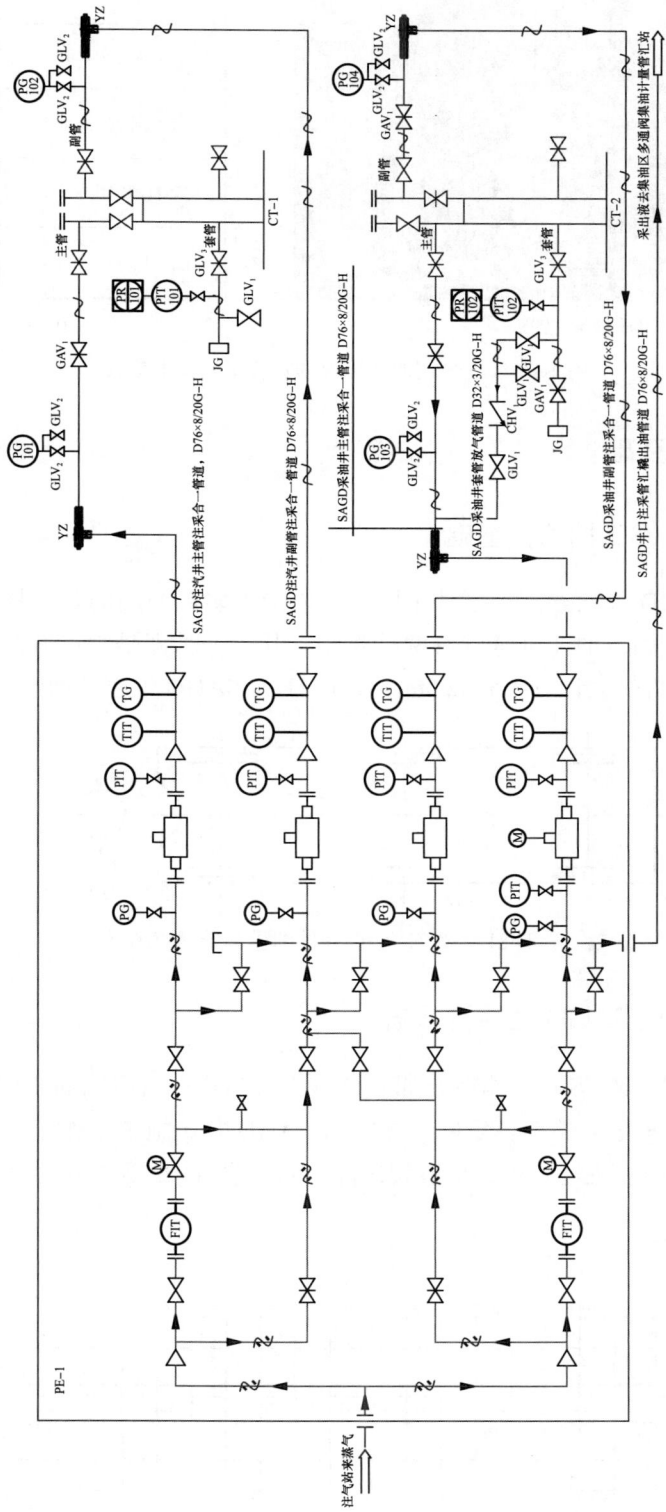

图 1-19 SAGD 井口注采管汇橇流程图

悬点最大载荷, kN	80
最大冲程, m	8
最大冲次, min^{-1}	3.2
电动机额定功率, kW	45
外形尺寸, mm×mm×mm	6100×2100×11800

(a) 现场安装图　　　　　　　　(b) 技术参数

图 1-20　皮带式抽油机现场安装图和技术参数

四、抽油机基础

（一）一般 SAGD 抽油机基础

目前国内 SAGD 采油方式与国外不同，国内绝大多数使用的是有杆泵抽油。以新疆油田 SAGD 开发为例，抽油机基础有两种类型，其中一种即是生产井采用的一般 SAGD 抽油机基础，抽油机最大让位 1.5～2.0m。图 1-21 为 SAGD 生产井抽油机基础基本形状。

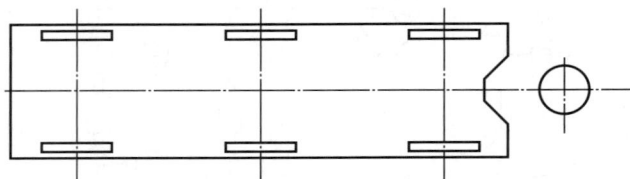

图 1-21　SAGD 生产井抽油机基础示意图

（二）带压作业 SAGD 抽油机基础

因井口空间的限制，SAGD 井实施带压作业对井口空间有明确的要求，因而需要将抽油机移位，让出带压作业的设备空间，才能对 SAGD 井实施带压作业。这就需要安装一种可实现带压作业抽油机基础，满足最大让位 2.5m。图 1-22 为 SAGD 生产井带压作业抽油机基础基本形状。

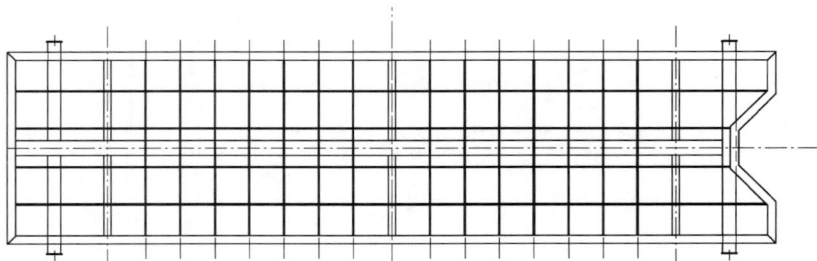

图 1-22　SAGD 生产井带压作业抽油机基础示意图

第三节 井下结构

SAGD井井下结构复杂，管、杆、泵均不同于常规稠油井，SAGD井井下结构根据工艺阶段的改变而改变，既要满足有限井筒空间的要求，又要满足工艺不同阶段的注汽、采油、测试和维护作业要求。为了提高SAGD工艺效果，创新设计和应用了不同工艺阶段、不同油藏特点的管柱配套，经过长期的应用验证，形成了较为成熟的SAGD工艺管柱匹配和应用技术。

一、井下管柱结构

（一）循环预热阶段管柱结构

（1）循环预热阶段注汽井管柱如图1-23所示。

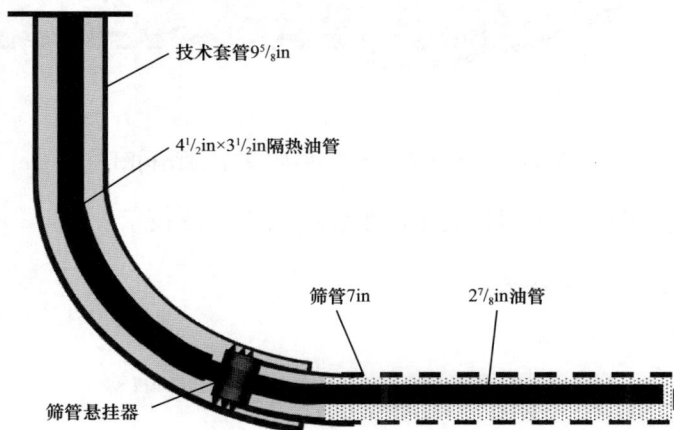

图1-23 循环预热阶段注汽井管柱结构图

（2）循环预热阶段生产井管柱结构如图1-24所示。

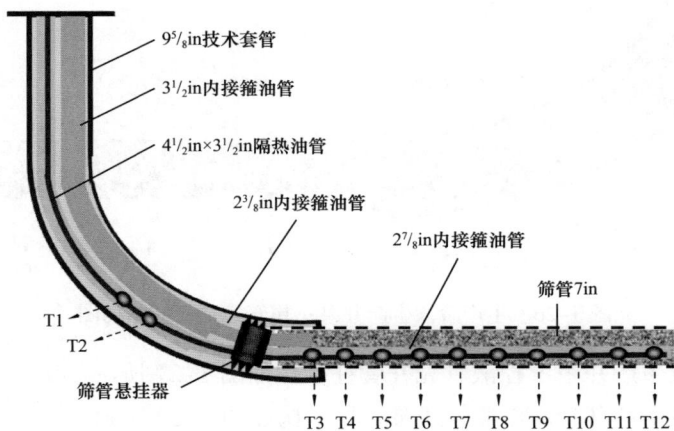

图1-24 循环预热阶段生产井管柱结构图

（二）生产阶段管柱结构

（1）生产阶段生产井泵完井管柱结构如图 1-25 所示。

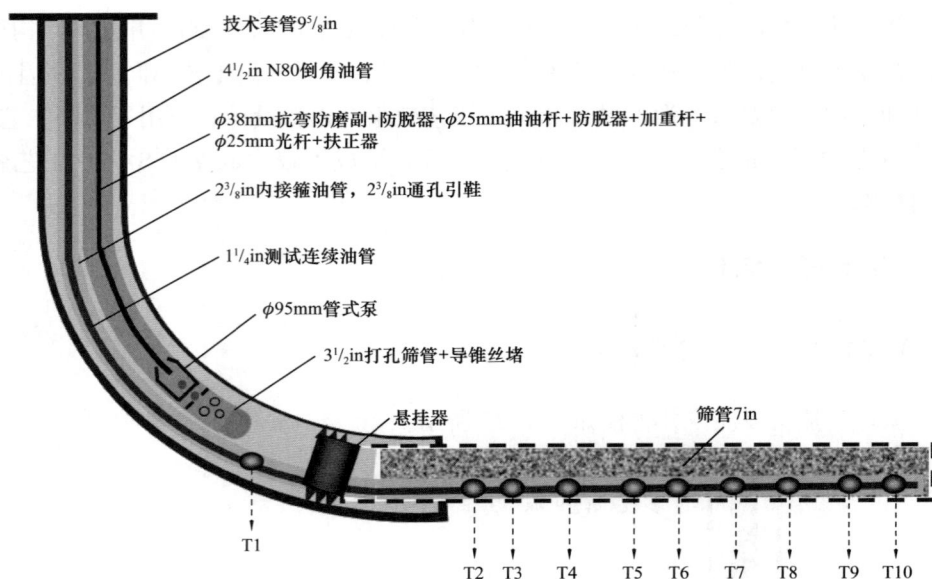

技术套管9⅝in

4½in N80倒角油管

ϕ38mm抗弯防磨副+防脱器+ϕ25mm抽油杆+防脱器+加重杆+ϕ25mm光杆+扶正器

2⅜in内接箍油管，2⅜in通孔引鞋

1¼in测试连续油管

ϕ95mm管式泵

3½in打孔筛管+导锥丝堵

悬挂器

筛管7in

T1

T2 T3 T4 T5 T6 T7 T8 T9 T10

图 1-25　生产阶段生产井泵完井管柱结构图

（2）生产阶段生产井泵 + 尾管完井管柱结构如图 1-26 所示。

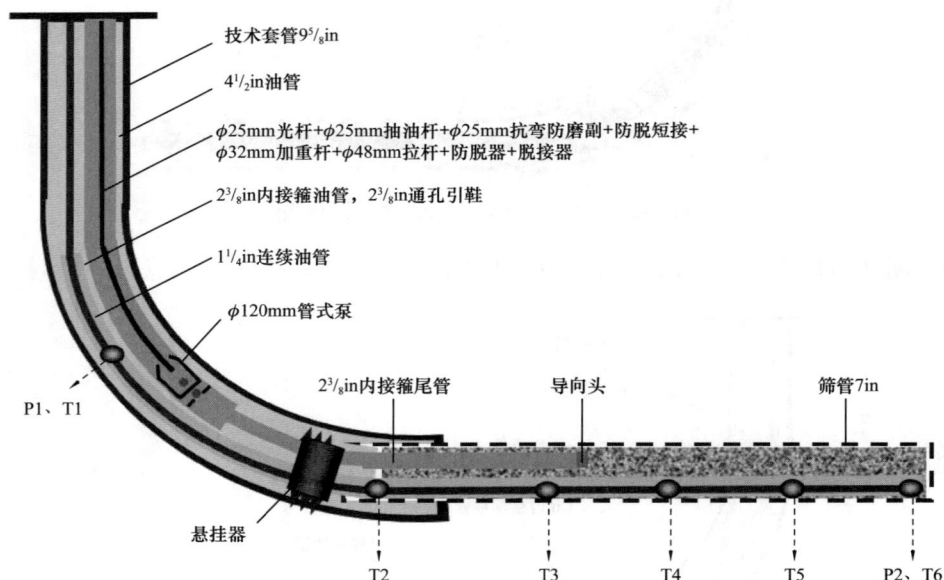

技术套管9⅝in

4½in油管

ϕ25mm光杆+ϕ25mm抽油杆+ϕ25mm抗弯防磨副+防脱短接+ϕ32mm加重杆+ϕ48mm拉杆+防脱器+脱接器

2⅜in内接箍油管，2⅜in通孔引鞋

1¼in连续油管

ϕ120mm管式泵

2⅜in内接箍尾管

导向头

筛管7in

P1、T1

悬挂器

T2　　T3　　T4　　T5　　P2、T6

图 1-26　生产阶段生产井泵 + 尾管完井管柱结构图

（3）生产阶段生产井泵 + 控液管完井管柱结构如图 1-27 所示。

（4）生产阶段生产井带压作业管式泵管柱结构如图 1-28 所示。

（5）生产阶段生产井带压作业杆式泵管柱结构如图 1-29 所示。

技术套管9⁵/₈in

4¹/₂in N80倒角油管

φ25mm光杆+φ25mm防脱抽油杆+φ48mm防脱加重杆+防脱器+
φ38mm拉杆+防脱器+φ95mm柱塞

2³/₈in内接箍油管

1¹/₄in测试连续油管

φ95mm管式泵

3¹/₂in打孔筛+导锥死堵

控液管   筛管7in

T1

T2

悬挂器

T3 T4 T5 T6 T7 T8 T9 T10 T11 T12 P

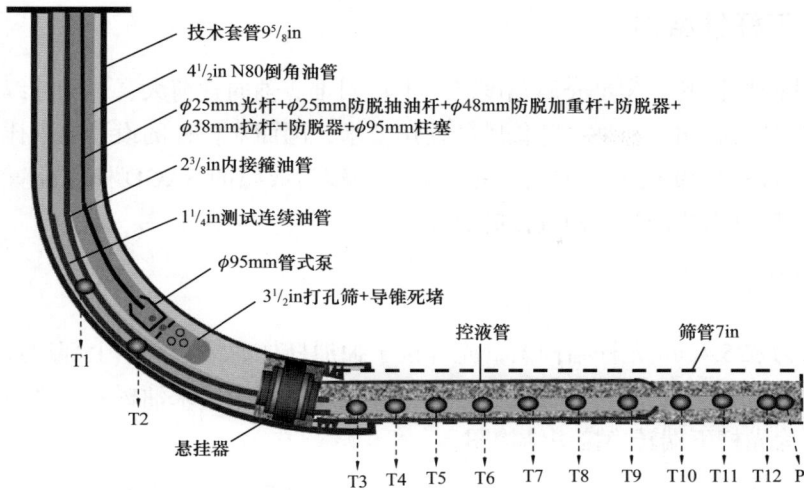

图 1-27　生产阶段生产井泵+控液管完井管柱结构图

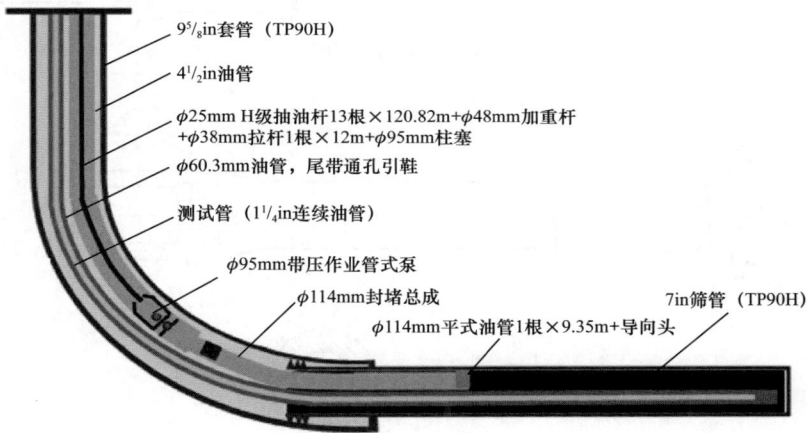

9⁵/₈in套管（TP90H）

4¹/₂in油管

φ25mm H级抽油杆13根×120.82m+φ48mm加重杆
+φ38mm拉杆1根×12m+φ95mm柱塞

φ60.3mm油管，尾带通孔引鞋

测试管（1¹/₄in连续油管）

φ95mm带压作业管式泵

φ114mm封堵总成

φ114mm平式油管1根×9.35m+导向头   7in筛管（TP90H）

图 1-28　生产阶段生产井带压作业管式泵管柱结构图

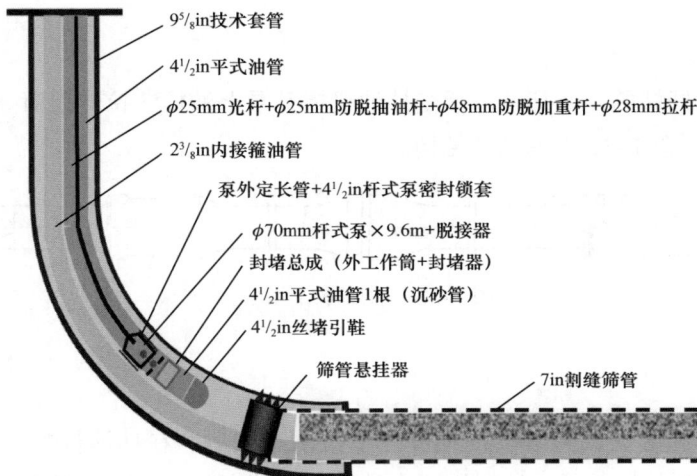

9⁵/₈in技术套管

4¹/₂in平式油管

φ25mm光杆+φ25mm防脱抽油杆+φ48mm防脱加重杆+φ28mm拉杆

2³/₈in内接箍油管

泵外定长管+4¹/₂in杆式泵密封锁套

φ70mm杆式泵×9.6m+脱接器

封堵总成（外工作筒+封堵器）

4¹/₂in平式油管1根（沉砂管）

4¹/₂in丝堵引鞋

筛管悬挂器   7in割缝筛管

图 1-29　生产阶段生产井带压作业杆式泵管柱结构图

二、井下杆柱结构

SAGD 井的杆柱既要满足介质黏度高、下行困难、轴向载荷大、长期连续服役的工况条件，又要满足防脱扣、断裂、防偏磨的使用要求，因而对杆柱的设计要求比常规抽油杆柱更为严格，经过持续攻关、试验，逐步形成了较为成熟的 SAGD 杆柱配置方案，以下对新疆油田广泛应用的杆柱结构进行简要介绍。

（一）光杆

图 1–30 为 ϕ25.4mm 光杆结构图，光杆位于抽油杆柱的最上端，上部通过光杆卡子和悬绳器与抽油机相连，下端与抽油杆相连，上下运动过程中与采油树光杆密封器形成动密封。图 1–31 为光杆下端转换接头结构图。

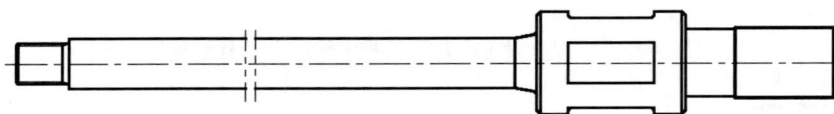

图 1–30　光杆结构图

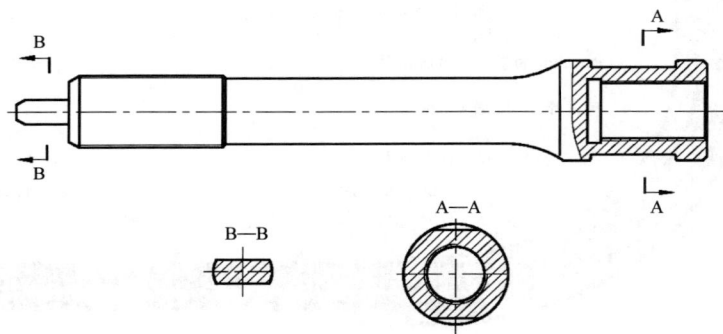

图 1–31　光杆下端转换接头图

（二）抽油杆

抽油杆是抽油杆柱的主要部件，承受抽油机提升泵上油柱的拉伸载荷。SAGD 主要应用 ϕ25mm 抽油杆，图 1–32 为抽油杆结构图。

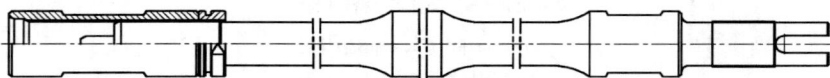

图 1–32　抽油杆结构图

（三）加重杆

SAGD 井稠油黏度大，为解决抽油杆柱下行困难问题，在抽油杆自重无法满足要求时，需要提高抽油杆下行重量，这时需要在抽油杆末端安装加重杆，以起到增大下行载荷的作用。

（1）ϕ38mm 加重杆，图 1-33 为 ϕ38mm 加重杆结构图。

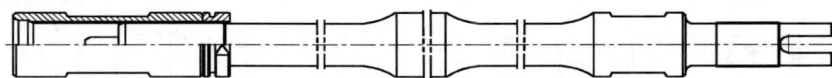

（2）ϕ48mm 加重杆，图 1-34 为 ϕ48mm 加重杆结构图。

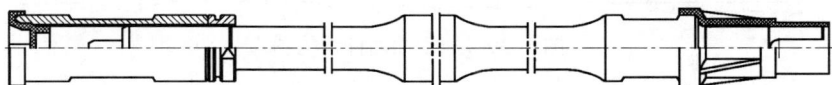

图 1-33　ϕ38mm 加重杆结构图

图 1-34　ϕ48mm 加重杆结构图

（四）拉杆

拉杆是连接抽油泵柱塞与抽油杆之间的部件，起到过渡连接的作用。SAGD 抽油杆柱采用 ϕ38mm 拉杆，图 1-35 为拉杆的结构。

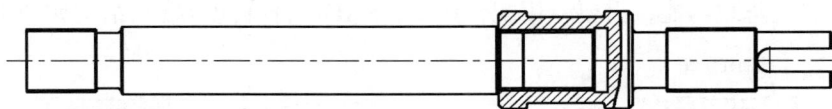

图 1-35　ϕ38mm 拉杆结构图

（五）防脱一体化杆柱

为防止抽油杆往复运动过程承受扭矩导致连接部位脱扣，需要在每一抽油杆端部连接部位设计防脱结构。

（1）ϕ25mm 抽油光杆，如图 1-36 所示。

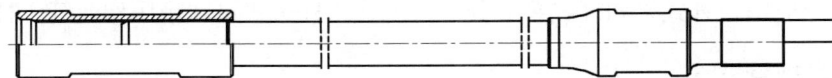

图 1-36　ϕ25mm 抽油光杆结构图

（2）镦锻式插接防脱实心抽油杆，如图 1-37 所示。

图 1-37　镦锻式插接防脱实心抽油杆结构图

（3）抽油杆短接，如图 1-38 所示。

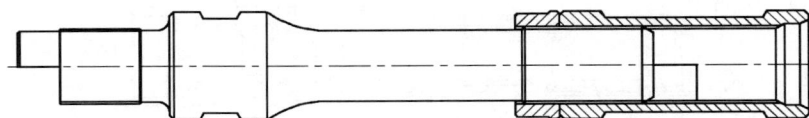

图 1-38　抽油杆短接结构图

（4）加重抽油杆，如图 1-39 所示。

图 1-39　加重抽油杆结构图

（5）抽油杆扶正器，如图 1-40 所示。

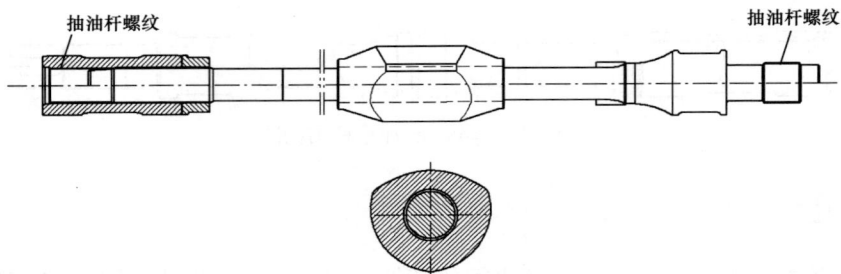

图 1-40　抽油杆扶正器结构图

（6）为实现防脱功能，需要专用配合接头，SAGD 杆柱配合接头结构如图 1-41 所示。

图 1-41　配合接头结构图

三、抽油泵

SAGD 井因具有排液量大、泵筒柱塞直径大、连续工作的特点，与常规抽油泵无论从泵径规格还是结构上均不相同。SAGD 井使用的抽油泵主要分为管式泵和杆式泵，管式泵因排量大而广泛应用，管式泵和杆式泵又分为常规管（杆）式泵和带压作业管（杆）式泵。

（一）常规管式泵

SAGD 开发初期，生产井应用的抽油泵均为 ϕ95mm、ϕ120mm 大通道整筒式管式抽油泵，图 1-42 为整筒式管式泵基本结构。

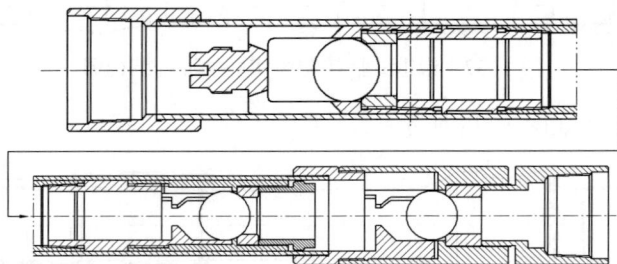

图 1-42　大通道整筒式管式泵结构图

（二）带压作业管式泵

带压作业管式泵可以满足 SAGD 井带压检泵和大排量举升的工艺要求，其基本结构如图 1-43 所示。

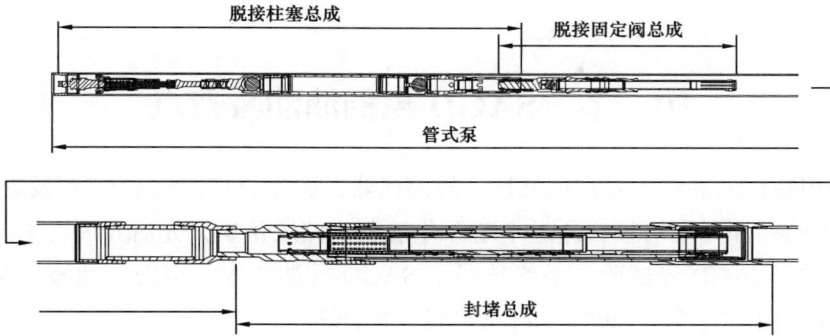

图 1-43　带压作业管式泵结构图

（三）带压作业杆式泵

从带压检泵的角度而言，杆式泵具有作业方便、效率高的特点，其基本组成如图 1-44 所示。

图 1-44　带压作业杆式泵结构图

第二章　SAGD 井作业特殊性及关键点

第一节　SAGD 超稠油油藏特点

新疆油田超稠油油藏主要在风城地区规模成藏，成片分布，从 1956 年发现到 2020 年经历了 64 年的勘探开发历程，通过不断深化油藏、储层认识，先后开展冷采、注蒸汽热采、露天开采、SAGD 等试验，最终选择了 SAGD 采油技术，实现与油藏、储层地质条件的合理匹配，形成了年产 $200 \times 10^4 t$ 的产量规模开采。

一、区域地质特征

风城油田侏罗系稠油油藏在区域构造上位于准噶尔盆地西北缘乌夏断褶带、夏红北断裂上盘中生界超覆尖灭带上，北以哈拉阿拉特山为界，南邻玛湖凹陷北部斜坡带。油藏上倾方向及下倾方向被断层切割。由于长期处于区域构造高部位，且储集体与油源断裂相连通，是油气运移的主要指向区。

自下而上为石炭系、二叠系、三叠系、侏罗系和白垩系吐谷鲁群，中新生界地层自盆地向边缘逐层超覆沉积，组成向盆地倾斜的单斜层，倾角 4°～6°，白垩系覆盖全区。

风城地区中生界主要发育有白垩系、侏罗系，三叠系仅在构造低部位发育。侏罗系超覆沉积于古生界侵蚀面之上，其上又被白垩系吐谷鲁群超覆。

在准噶尔盆地的演化过程中，西北缘构造活动主要为逆掩断裂，形成延伸 250km 的推覆构造体。推覆构造体大体可分为五个带（图 2-1）：（1）推覆体主部，多为石炭系基岩组成；（2）前缘断裂带，由基岩、下二叠统以及上覆三叠系—侏罗系组成；（3）下盘掩伏带（即推覆体主断裂下盘掩伏部分），多是单斜构造，由二叠系、三叠系和部分侏罗系组成；（4）超覆尖灭带（在推覆体主部之上被新地层超覆部分），主要由下侏罗统、上侏罗统和下白垩统组成，是稠油油藏形成的有利区域；（5）前沿外围带（在推覆体之外），沉积层受推覆挤压而形成舒缓状褶曲或单斜构造，平行于主断裂走向展布。

西北缘稠油油藏就是在长期的地史演化过程中，早期油藏遭到破坏，油气沿着克拉玛依—乌尔禾断裂（简称克乌断裂）发生二次、三次运移，向上至推覆体上盘超覆尖灭带形成次生油藏，再经轻质组分散失、水洗氧化以及剧烈的生物降解作用，最终生成超稠油油藏。

二、勘探简史

本区早在 1956—1958 年就在边缘地带钻了 48 口构造浅井，其中在 18 口井中见到油气显示，随后又相继钻了一批探井。油气显示层位主要在白垩系吐谷鲁群、上侏罗统齐古组、下侏罗统八道湾组。油气显示以稠油、沥青砂为主，油藏类型为岩性构造油藏。鉴于当时人们的认识和开采工艺水平，本区的重油资源未引起重视。

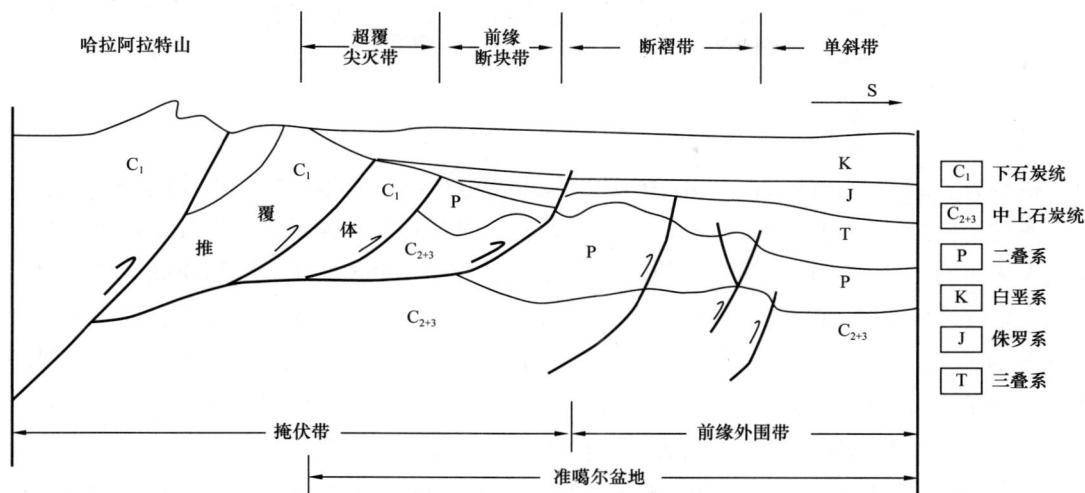

图 2-1　准噶尔盆地西北缘稠油油藏成藏模式图

进入 20 世纪 80 年代以来，随着勘探的深入和技术水平的提高，风城地区的稠油勘探出现了新的气象。

1982—1983 年：完钻浅层重油探井 14 口。

1985 年：估算中生界表外储量 $6 \times 10^8 t$，含油面积 $144.5 km^2$（叠加面积）。

1989—1994 年：常规试油 10 井层，见稠油 3 井层，热采试验 26 井层，累计吞吐 47 井次。

2007 年：在风城油田开展滚动评价，完钻 28 口评价井，进行了 29 井层的注蒸汽热采试验。

三、油田地质特点

（一）地层

风城油田自上而下地层可划分为白垩系吐谷鲁群、侏罗系齐古组、三工河组、八道湾组以及三叠系、二叠系及石炭系。侏罗系与上覆地层和下伏地层均呈角度不整合接触，侏罗系上统和下统之间也是角度不整合接触。其中八道湾组在重 40 井—重 14 井—线以北区域缺失，齐古组在乌兰林格断裂上盘和风 16 井北断裂以北区域缺失。本区的主要含油储层为侏罗系齐古组和八道湾组。

（二）构造

风城油田断裂比较发育，目前比较落实的断裂有乌兰林格断裂、风 16 井断裂、风 16 井北断裂、重 1 井北断裂、重 1 井南断裂、重 18 井弧形断裂。另外根据风南三维地震资料及二维地震测线，在重43井区、重5井区断块新解释出多条断裂。

齐古组总体构造形态为被断裂切割的南倾单斜，地层倾角5°～8°，断裂附近倾角变陡。八道湾组构造形态亦为南倾单斜，地层倾角4°～10°，中间被近东西走向的重18井弧形断裂切割。

（三）层组划分

根据齐古组取心井的岩性、沉积构造、粒度、电性特征及砂砾岩沉积体的分布形态分析，齐古组储层岩性为一套浅灰—灰褐色细砂岩、中粗砂岩、含砾中砂岩及少量砾岩和浅灰色泥岩组合的正旋回碎屑沉积。沉积厚度变化在80～100m之间，平均90m。齐古组平均油层中部埋深170～600m。根据齐古组剖面上的岩性组合及沉积旋回特征，纵向上自上而下分为J_3q_1、J_3q_2、J_3q_3三个砂层组，其中J_3q_2、J_3q_3砂层组发育稳定，分布于整个风城地区，也是齐古组的主力储层，沉积厚度50～70m，岩性均一，为厚层状中细砂岩，富含稠油。其电性特征为块状高阻，高时差，自然电位大幅度负异常。

八道湾组沉积厚度变化在30～50m之间，平均40m。油层中部埋深500～700m。根据八道湾组剖面上的岩性组合及沉积旋回特征，纵向上自上而下分为J_1b_1、J_1b_{2+3}、J_1b_4、J_1b_5四个砂层组。J_1b_5砂层组分布最广，J_1b_1砂层组次之，J_1b_{2+3}和J_1b_4砂层组仅出现在局部地区，在重43井区只有呈不整合接触的J_1b_1和J_1b_5两个砂层组，其J_1b_1砂层组较薄且变化大，厚8～15m，岩性多为中细砂岩夹砾岩及砂质泥岩。J_1b_5砂层组较稳定，厚20～25m，可分为上、下两个小岩性段，上部以中细砂岩为主夹薄层状不等粒砂岩及泥岩，富含稠油，其电性特征为高电阻、高时差，自然电位大幅度负异常；下部为含砾不等粒砂岩、砂质砾岩与粗砂岩互层，最底部为致密砾岩，其含油性低于上部，电性特征为高电阻、中低时差，自然电位低幅度负异常。

本区内地层基本表现为自南向北逐层超覆，八道湾组在重41井—重23井—重010井一线以北区域缺失；J_3q_3层在风16井北断裂—重1井—重5井—重59井一线以北区域缺失；J_3q_2层在乌兰林格断裂上盘和风16井北断裂以北缺失。

（四）沉积特征

乌夏断裂带经历了二叠纪逆冲断展褶皱的前期发展阶段、三叠纪逆冲断展褶皱的后期发展阶段、侏罗纪—白垩纪坳陷充填阶段和新生代抬升剥蚀阶段四个演化时期。因此，风城油田的侏罗系分布总体呈北薄南厚、向盆地内变厚的楔状体展布。目的层八道湾组和齐古组沉积相类型主要为辫状河沉积。

（1）J_3q_2砂层组：平面上主要发育了五条主河道、五条次河道，主体沉积为河道沉积。河道方向沿北—南延伸，河道宽度在500～1200m，沉积厚度一般大于5m。

（2）J_3q_3砂层组：平面上主要发育了七条主河道、五条次河道，主体沉积为河道沉积，其河道规模较J_3q_2要大。河道方向沿北—南延伸，河道宽度在800～1500m，河道厚度一般大于5m。

（3）八道湾组：平面上主要发育了三条主河道、八条次河道，主体沉积为河道沉积，其河道规模较小。河道方向沿北—南延伸，河道宽度在300～800m，河道厚度小于5m。

（五）储层特征

1. 岩性特征

（1）J_3q_2 砂层组：油藏埋深170～500m，沉积厚度平均50m左右。其岩性特征上部为一套浅灰绿色—灰色细砂岩、泥岩及泥质砂岩，黄铁矿晶粒富集，中下部主要为油染褐色、浅灰色中细砂岩，底部为底砾岩。砂粒成分主要为石英（36.7%）、硅化岩（22.6%）、凝灰岩（20.8%）、变质泥岩（14.2%）、长石（12.4%），还有少量花岗岩。分选好，磨圆度多为半圆状，胶结物成分以方解石为主，其次是黄铁矿、白云石和方沸石。杂基以泥质为主（12%左右），其次是高岭石、云母和绿泥石，胶结类型以孔隙式为主，胶结疏松—中等。

（2）J_3q_3 砂层组：油藏埋深240～600m，沉积厚度平均30m左右，旋回性较明显。其岩性特征是上部为一套浅灰绿色泥岩、泥质粉细砂岩，中下部为油染褐色、浅灰色含砾不等粒砂岩，底部为沉积厚度不大的底砾岩。其成分以变质岩块（变质泥岩和变质砂岩）为主。岩屑以凝灰岩块为主（31%～40%），其次为石英（20%～25%）、变泥岩块（16%～18%）、长石（15%）。分选好—中等，磨圆度为次棱角—半圆状，多为钙泥质胶结，胶结物成分以方解石和菱铁矿为主（3%～20%），杂基成分以高岭石为主（2%～7%），其次为泥质、水云母和绿泥石，胶结程度中等，胶结类型以孔隙—接触式为主。

（3）八道湾组：油藏埋深500～700m，沉积厚度60m，地层在风23井—重23井一线尖灭，砂层厚度平均30m左右，纵向上自上而下细分为 J_1b_1、J_1b_{2+3}、J_1b_4、J_1b_5 砂层组，其中 J_1b_{2+3}、J_1b_4、J_1b_5 砂层组为主要含油层，其岩性特征如下。

上部 J_1b_1 砂层组以泥岩、泥质砂岩为主，中部 J_1b_{2+3}、J_1b_4 砂层组以中细砂岩为主，夹薄层状不等粒砂岩及泥岩。岩屑成分以凝灰岩为主（30.9%），其次是石英（21%）和变泥岩块（18.2%）。砾石成分以变泥岩块和变质砂岩为主（53.1%），分选中—差，磨圆度为次棱角—半圆状。胶结物成分以方解石为主（15%），其次是菱铁矿，杂基成分以泥质为主（约10%），其次是云母（2%～15%），胶结程度中等，胶结类型以接触—孔隙式和孔隙—接触式为主。下部 J_1b_5 砂层组为一套砂砾岩沉积，含砾不等粒砂岩、砂质砾岩与粗砂岩互层，最底部为致密砾岩。粒度分选较差，磨圆度较差，砾石成分以变泥岩块为主（65%左右），粒径大于2mm。泥钙质胶结，胶结物成分以方解石为主（3%～14%），杂基成分以泥质为主（4%～18%），胶结程度中等，胶结类型以孔隙—接触式为主。

2. 储集空间特征

依据本区岩石薄片、铸体薄片及荧光薄片鉴定资料，齐古组的主要孔隙组合类型为粒间孔—粒间溶孔—粒内溶孔—微裂缝。八道湾组的主要孔隙组合类型为原生粒间孔—粒间溶孔—晶间溶孔。

3. 储层物性特征

J_3q_2 油层孔隙度变化在23%～38.3%之间，平均30.2%，水平渗透率变化在

57～25635mD 之间，平均 9370mD，中值 2800mD；J_3q_3 油层孔隙度变化在 21.2%～37.3% 之间，平均 28.8%，水平渗透率变化在 43～14474mD 之间，平均 6747mD，中值 900mD；八道湾组油层样品孔隙度变化在 18.4%～34.7% 之间，平均 27.2%，水平渗透率变化在 28.2～5526mD 之间，平均 2113mD，中值 700mD，属高孔、高渗透储层，储层物性自下而上呈由低到高的变化趋势。

4. 储层孔隙结构特征

J_3q_2 层的最大孔喉半径为 57.14μm，平均为 27.07μm，属于粗喉道，毛细管半径范围在 0.13～21.17μm，平均为 10.21μm；J_3q_3 层的最大孔喉半径为 99.5μm，平均为 23.78μm，属于粗喉道，毛细管半径范围在 0～29.89μm，平均为 8.22μm；八道湾组的最大孔喉半径为 54.632μm，平均为 17.84μm，属于粗喉道，毛细管半径范围在 0～16.25μm，平均为 6.04μm。

5. 储层宏观特征

J_3q_2 砂层组分布范围较广，砂岩厚度 20～80m，在平面上分布具有北高南低的特点，沿乌兰林格断裂下盘砂层厚度较大。油层沿东西向呈条带分布，油层厚度 5～40m，大部分区域油层厚度大于 15m。

J_3q_3 砂层组由于在北部尖灭，储层分布范围相对于 J_3q_2 储层范围变小，砂岩厚度 20～60m，在平面上分布具有南高北低的特点。油层沿东西向呈条带分布，油层厚度 5～30m，大部分区域油层厚度大于 10m。

八道湾组储层分布范围最小，砂岩厚度 20～80m，在平面上的高值区位于南部，向北部尖灭线和边界断层方向，砂体逐渐变薄。油层沿东西向呈条带分布，油层厚度 5～15m，大部分区域油层厚度大于 10m。

6. 储层敏感性及润湿性特征

J_3q_2、J_3q_3、J_1b 的水敏程度大体上是中等偏强—中等偏弱的，速敏程度大体上中等偏弱—无速敏。J_3q_2 和 J_3q_3 都是以中性—亲油为主，J_1b 以中性—亲水为主（表 2-1）。

表 2-1 风城油田各砂层组润湿性评价统计表

J_3q_2		J_3q_3		J_1b	
润湿性判别	百分比，%	润湿性判别	百分比，%	润湿性判别	百分比，%
亲油	7.69	强亲油	28.57	亲油	3.24
弱亲油	46.15	亲油	11.43	弱亲油	19.35
中性	23.09	弱亲油	8.57	中性	19.35
中亲水	7.69	中性	37.14	弱亲水	22.58
中—强亲水	7.69	中—弱亲水	2.86	中亲水	35.48
强亲水	7.69	弱亲水	8.57		
		中亲水	2.86		

（六）油藏性质

1.流体性质特征

水分析资料表明：该区齐古组和八道湾组的水型均为 $NaHCO_3$ 型，两组氯离子含量分别为1945mg/L、3466mg/L，总矿化度分别为4913mg/L、9464mg/L。

风城油田原油性质变化较大（表2-2），其中齐古组油藏原油密度在0.9308~0.9955g/cm^{3}之间，50℃原油黏度为3120~1150000mPa·s，原油凝固点15~20℃；八道湾组原油密度在0.9163~0.9662g/cm^{3}之间，50℃时原油黏度1920~88125mPa·s，原油凝固点15~28℃。

表2-2　风城油田各砂层组原油密度、黏度分布范围统计表

层位	原油密度，g/cm^3		原油黏度，mPa·s	
	最小值	最大值	最小值	最大值
J_3q_2	0.9399	0.9955	6500	1150000
J_3q_3	0.9308	0.9850	3120	684000
J_1b	0.9163	0.9662	1920	88125

齐古组 J_3q_2、J_3q_3 砂层组原油黏度在平面上分布具有相似性，均是由西向东原油黏度逐步升高，而八道湾组原油黏度在平面上的分布呈东西高、中部低，自下而上原油黏度具有升高的趋势。

2.油藏类型

风城地区齐古组油藏类型为断层遮挡的岩性构造油藏，风城地区八道湾组由取心、常规试油及测井解释综合确定的油水界面为-295m，其油藏类型为断裂遮挡的构造油藏。

3.地层压力和温度

齐古组 J_3q_2 层、J_3q_3 层和八道湾组平均油层中部压力分别为2.88MPa、5.26MPa、5.74MPa，压力系数分别为0.93、0.94、0.94，原始油层温度分别为19.02℃、24.55℃、25.7℃。

四、开发简历

风城油田发现于1956年，因受到勘探工作间断和超稠油开采工艺难以突破的限制，直到1983年才进行超稠油注蒸汽吞吐试验，到2007年，经历了早期试油、井组试采、规模试验等三个阶段，涉及试验井100多口。通过试验不断地深化，对风城超稠油开发取得了一定的认识，也发现了亟待解决的油藏工程和工艺问题。

（一）早期试油（1983—1984年）

当时采用国产锅炉对重1井和重32井进行了4个层的注蒸汽吞吐试验，虽然平均日产油较高，但由于原油黏度很高、锅炉注汽质量差、蒸汽干度低，造成生产时间短、累计产量低、油汽比低，试验效果不太理想（表2-3）。

表 2-3　重 1 井、重 32 井注蒸汽热采试油成果表

井号	层位	周期	总注汽量 t	生产时间 d	周期产油 t	平均日产油 t	油汽比
重 1	J_3q	1	2003	20.7	344.70	16.65	0.170
	J_3q	2	2174	44.1	322.57	7.31	0.150
	J_3q	3	2089	42.5	365.98	8.61	0.176
	J_3q	1	2327	46.8	341.35	7.29	0.147
	K_1tg	1	1424	11.7	87.70	7.48	0.062
重 32	J_3q	1	2415	38.6	259.80	6.73	0.108

（二）井组试采（1985—1995 年）

1985—1989 年，为落实超稠油热采效果，取得产能，掌握工业开采价值，利用进口锅炉，开展了 5 个井区 12 口井的蒸汽吞吐试采（表 2-4）。

重 1 井组：齐古组油藏 50℃原油黏度 7370～26825mPa·s（平均 12176mPa·s（折算15℃时的原油黏度大于 500000mPa·s）。注化学降黏剂后，利用进口活动锅炉注汽，单井周期平均产油达到 770t，平均油汽比达到 0.22，单井平均日产油 14.2t，取得了较好的效果，但由于注汽量很高，生产时间短，造成油汽比低。对比重 1 井组 1984 年和 1989 年的蒸汽吞吐效果看，由于进口锅炉蒸汽干度（68%）明显高于国产锅炉（30% 左右），使周期产油量和油汽比得到明显提高，生产时间延长，效果得到改善。

重 32 井组：齐古组油藏 50℃原油黏度 3878～12650mPa·s，平均 8096mPa·s（折算15℃时的原油黏度大于 500000mPa·s）。注化学降黏剂后，利用进口活动锅炉注汽，单井周期平均产油 305t，平均油汽比 0.13，单井平均日产油 10.5t，效果尚可，但生产时间仍较短，造成周期产量低、油汽比低。此外，重 32 井区齐古组油藏 1990—1993 年间又进行了 7 井 13 个周期的蒸汽吞吐试采，累计注汽 35932t，累计采油 6612.3t，油汽比为 0.18，效果与前期一致。

重 33 井组：齐古组油藏 50℃原油黏度 19390mPa·s（折算15℃时的原油黏度大于1000000mPa·s），利用进口活动锅炉注汽后，单井平均生产周期只有 9.1d，单井周期平均产油量只有 72t，平均油汽比 0.05，效果差，该井组 Z003 井射开八道湾组取得了一定产量，但效果一般。

重 5 井组：齐古组油藏因原油黏度很高（70℃黏度 24000～71500mPa·s，折算15℃时的原油黏度大于 3000000mPa·s），开井基本无产量。

重 40 井组：齐古组油藏 70℃黏度 31100mPa·s（折算15℃时的原油黏度大于3000000mPa·s），注蒸汽焖开后不出或只出水。

表 2-4　风城油田 5 井组注蒸汽试采成果表

井组	井号	层位	射开厚度 m	累计注汽量 t	蒸气干度 %	累计产油 t	生产时间 d	平均日产油 t	油汽比	备注
重1井组	Z101	J_3q	26.0	3241.2	69	564.0	41.5	13.6	0.17	一轮
			26.0	3573.5	70	997.0	110.6	9.0	0.28	二轮
	Z102	J_3q	24.0	3086.6	70	548.0	28.4	19.3	0.18	一轮
	Z103	J_3q	23.0	3826.8	70	844.0	45.5	18.6	0.22	一轮
			23.0	3763.8	65	899.0	85.6	10.5	0.24	二轮
重32井组	Z006	J_3q	15.0	2286.6	68	138.0	16.5	8.4	0.06	一轮
			15.0	2549.2	70	304.0	30.7	9.9	0.12	二轮
	Z007	J_3q	13.0	2198.4	70	401.0	31.9	12.5	0.18	一轮
			13.0	2393.3	70	542.0	43.4	12.5	0.23	二轮
	重32	J_3q	13.0	2625.5	70	144.0	15.5	9.3	0.05	一轮
重33井组	Z001	J_3q	9.0	1262.6	69	59.3	14.7	4.0	0.05	一轮
	Z002	J_3q+J_1b	16.2	2081.0	62	129.0	9.4	13.8	0.06	
	Z003	J_1b	7.0	1186.6	70	28.3	4.2	6.7	0.02	
			7.0	1366.7	70	169.0	8.1	20.9	0.12	二轮
重5井组	Z107	J_3q	11.0	1903.7	73	4.0			0	一轮
	Z108	J_3q	29.0	1963.9	65					
重40井组	重40	J_3q	20.0	2739.5	70	9.6	7.2	1.3	0	汽窜

1991—1995 年，新疆石油管理局承担"八五"国家重点科技攻关项目《石油水平井钻采成套技术》中的《新疆风城地区超稠油油藏水平井开发试验研究》。1991 年重点进行立项论证、调研等准备工作。1992 年利用数值模拟和物理模拟进行了该油藏水平井注蒸汽开发的可行性研究。1993 年，在可行性研究的基础上编制了试验区的地质及油藏工程设计。1994 年，进行了钻井实施、地面建设等工作。1994 年 8 月，新疆油田在克拉玛依风城侏罗系齐古组超稠油油藏，首次采用斜井钻机钻成国内第一口斜直水平井——FHW001井，该井垂深 264m，水平段长度 212m，水平位移达 524m。建成 1 口斜直水平井、3 口竖直井和 5 口温度观察井试验井组（图 2-2）。1995 年 4 月 20 日开始注蒸汽进行吞吐阶段的试验。

水平井试验区齐古组中部深度 260m，油层连续厚度 13.5m，孔隙度 33%，渗透率 3200mD，含油饱和度 80%，原油密度 0.958g/cm³，50℃原油黏度 12176mPa·s（折算 20℃原油黏度在 500000mP·s 以上）。

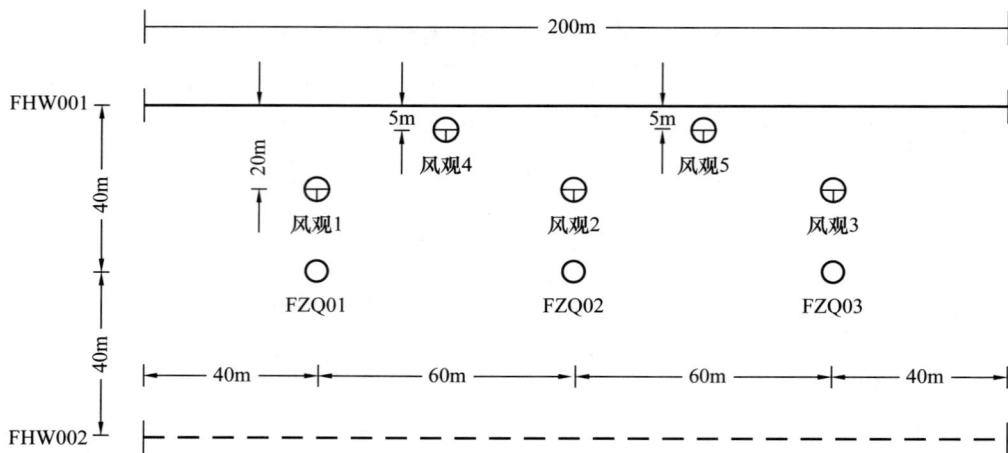

图2-2　风城油田第一口斜直水平井及周围观察井平面分布示意图

首先3口直井吞吐一轮生产，由于吞吐井间汽窜严重，改用间歇汽驱，即关闭水平井由竖直井高速注汽，停注后水平井生产。经过11轮次的间歇汽驱，共注汽11037t、产液6592t、产油2426t、累计油汽比0.22、累计采注比约0.60。以试验区汽驱面积计算，采出程度约12%。1996年10月因管理和措施不到位，井底砂埋，结束试验。

（三）规模试验（2005—2006年）

2005年后，新疆石油管理局在重检3井区、重32井区齐古组和重43井区八道湾组开辟了3个试验区。

重32井区50℃原油黏度16000mPa·s，2006年完钻开发试验井74口，采用隔热管注蒸汽投产41口，初期平均日产油6.1t，阶段油汽比0.21，效果较好。

重43井区50℃原油黏度19868mPa·s，2006年完钻开发试验井17口，采用隔热管注蒸汽投产17口，平均日产油6.1t，阶段油汽比0.21，效果较好。

重检3井区为低电阻油藏，含油饱和度低（55%），50℃原油黏度10000mPa·s，2005年完钻开发试验井86口，投产79口，平均日产油2.4t，阶段油汽比0.21，效果相对较差。

前期试验取得的认识如下：

（1）风城超稠油黏度大、地层能量低，虽然蒸汽吞吐初期日产油能力高，但递减快，生产周期短，油汽比低，采注比低；

（2）埋深小于300m，50℃原油黏度小于16000mPa·s，采用隔热管注蒸汽吞吐，油汽比大于0.20；

（3）埋深大于500m，50℃原油黏度小于20000mPa·s，采用隔热管注蒸汽吞吐，油汽比大于0.20；

（4）50℃原油黏度大于20000mPa·s，注蒸汽吞吐效果较差。

探索风城浅层超稠油有效开发技术，实现高水平开发已迫在眉睫。

五、超稠油 SAGD 开发主要地质影响因素

（一）地层深度、地层温度和地层压力

油藏太浅或者太深都不适合 SAGD 技术开发。油藏太浅可能顶层封闭性不好，同时对钻井等带来麻烦；油藏太深使得井筒热损失加大，井底蒸汽干度降低，致使蒸汽腔的发育程度差。从统计的 SAGD 项目来看，除 UTF（只有 150m）外，油藏埋深在 200～700m。对于双水平井 SAGD，一般认为深度极限为 1000m；对于直井水平井组合 SAGD，适应深度可以适当增加。

温压系统对 SAGD 开发有一定的影响。对于原始油层温度高、原油黏度低，加热油层所需的热量较少，SAGD 开发油汽比相对高。对于原始油层压力较高的油藏，一般将压力降低到 3～4MPa 后进行 SAGD 开发。从统计的 SAGD 项目来看，油层温度 7～20℃，油藏压力 0.5～5.0MPa。

（二）油层连续厚度

油层厚度越大，重力作用越明显，蒸汽辅助重力泄油效果越好。反之，若油层厚度太小，不但重力作用小，而且向顶、底盖层的热损失增大，还会降低油汽比，蒸汽辅助重力泄油效果就差。在井距一定的情况下，原油产量与油层厚度的平方根近似成正比。SAGD 技术若要获得好的开采效果，油层厚度必须大于 10m。从调研的资料来看，在现场实施的 SAGD 项目中油层厚度为 10～70m。

（三）油层渗透率及垂向渗透率与水平渗透率比值

油层渗透率及垂向渗透率 K_v 与水平渗透率 K_h 比值决定了蒸汽注入的难易和蒸汽腔的水平与垂向扩展情况。由于蒸汽辅助重力泄油是依靠重力作用驱替原油，因此受垂向渗透率的影响非常明显。资料表明，当垂向渗透率较低时，原油的重力难于发挥作用，泄油速度变小，生产时间延长，油汽比降低。从数值模拟的结果看，当垂向渗透率与水平方向渗透率的比值小于 0.1 时，由于热连通的形成较为困难以及水平方向蒸汽的汽窜，使开发效果变得很差，累计油汽比很低，因而开发经济效益也较差。要想蒸汽腔良好扩展，K_h 和 K_v 都得较大，最好水平渗透率达 1D 以上，K_v/K_h 达到 0.2 以上。

有学者对壳牌公司 1994—1998 年在 Peace River 的 SAGD 试验进行了研究，认为绝对渗透率和 K_v/K_h 较小时会导致蒸汽向上扩展距离小（只到注汽井上方 6m），这是其效果差的主要原因之一。

（四）孔隙度和含油饱和度

孔隙度对采出程度的影响不大，但由于热蒸汽在油层中的热损失增大，累计油汽比大幅度降低，因此要使 SAGD 达到较好的开发效果，油层的孔隙度应在 15% 以上。

随着初始含油饱和度的降低，累计油汽比和采出程度都有所降低。累计油汽比降低的

原因，是由于在初始含油饱和度较低情况下，含水饱和度会相应增大，油藏的比热也随之增大，从而使蒸汽过多地消耗在地层水的加热上；采出程度降低则是由于原始含油饱和度降低后，可动用原油减少。对于初始含油饱和度较低的油层，由于原油的原始储量低，不宜用蒸汽辅助重力泄油方式开采，当初始含油饱和度降低到 35% 时，会因累计油汽比过低，采油成本过高，蒸汽辅助重力泄油开采就不能产生经济效益。因此，要想利用蒸汽辅助重力泄油获得理想的开采效果，就要选择初始含油饱和度相对较高的油藏，初始含油饱和度应在 40% 以上。

孔隙度和含油饱和度影响储量丰度。SAGD 技术开发对孔隙度 ϕ 和含油饱和度 S_o 的要求是 $\phi > 15\%$，$S_o > 40\%$，$\phi \times S_o > 0.06$。

（五）物性夹层厚度及其分布

夹层的影响是相当复杂的，在很大程度上取决于其三维空间的分布情况，连续夹层会抑制蒸汽和沥青通过，对夹层上部的驱替造成影响。然而如果夹层不是泥页岩，而只是物性较差的薄细粉砂岩，即使在空间上广泛分布，也不会严重阻止传热和传质；如果夹层只是零星分布，即使是较厚的非渗透层，蒸汽和加热的原油及冷凝液也可以绕过夹层流动；在这种情况下，夹层可能在某一个时期对蒸汽辅助重力泄油的效果有一定的影响，但对整个蒸汽辅助重力泄油的过程，不连续的夹层不会对其累计产油量产生根本性的影响。

一般认为，不连续分布的夹层对 SAGD 的影响是不大的。也可以通过适当的注汽方式使 2m 以下的夹层失去封隔作用。

但是隔夹层比较发育，在油藏内连续分布且厚度在 3m 以上时，将使 SAGD 的效果变差，对 SAGD 开发造成很大的影响。一个典型的例子就是 JACOS 公司在 Hangingstone 的 SAGD 项目。与 UTF 相比，虽然试验区的 McMurray 油层厚度更大一些，而且原油物性和油层物性也相近，但由于夹层的影响使 Hangingstone 项目的油汽比 UTF 项目低了 1/4。

（六）原油黏度及其热敏感性

黏度是 SAGD 成功与否的关键参数之一。由于 SAGD 生产机理的特殊性，原油黏度不是决定 SAGD 开采效果的决定性因素。现场试验也证明，即使原油黏度高达 $500 \times 10^4 \text{mPa} \cdot \text{s}$，仍然可获得较好的开采效果。重要的是看原油黏度对温度的敏感程度即黏—温曲线，或者说当温度上升到某一值时黏度能否降到一个适当的低值（渗透率大时，这个值可以大一些）。原油黏度随温度的变化将影响 SAGD 蒸汽前缘沥青的泄流速度，因此也影响蒸汽前缘推进的速度和产油速度。

从调研的结果来看，原油黏度相对低对 SAGD 开发是有利的；但是只要当温度升高到 200℃，原油黏度能降到几十毫帕·秒都是可以用 SAGD 方式来开发的。

（七）底水影响

底水对 SAGD 的开发效果有一定的影响。底水的存在会降低 SAGD 过程的采收率，但总的来说影响不大。这是因为在 SAGD 生产中，蒸汽压力是稳定的，且水平井采油的生产压差很小。因此，只要不是特大水体（内藏体积 10 倍以上）而且又需大幅降低油藏压力（4MPa 以上）的底水油藏对 SAGD 效果不会产生大的影响。

但是当底水非常活跃时，进入蒸汽腔的底水就会增多，对 SAGD 生产的影响就会加大。底水进入蒸汽腔之后，要被加热到近饱和温度，导致热效率低。据 Butler 博士等人的经验，对于典型的 SAGD，每生产 1bbl 侵入的底水，就额外需要 1.5bbl 水当量的蒸汽。

在已进行的有底水的 SAGD 项目中，有成功的，也有效果不尽人意的。成功的有 AEC 的 Foster Creek 项目，CNRL 的 Tangleflags 项目等；但壳牌的 Peace River 项目效果是不太好的（油汽比 0.1，采收率 10%），这也与油藏的物性差有关。

六、超稠油 SAGD 开发技术关键操作参数

（一）SAGD 启动阶段操作参数

SAGD 启动阶段关键操作参数有：
（1）注汽速度；
（2）井底蒸汽干度；
（3）循环预热压力；
（4）循环预热施加压差时机；
（5）循环预热压差大小。

（二）SAGD 生产阶段操作参数

SAGD 生产阶段关键操作参数有：
（1）蒸汽腔操作压力；
（2）蒸汽腔操作 sub-cool；
（3）注汽速度；
（4）蒸汽干度；
（5）采液速度与采注比。
此阶段关键操作参数确定的核心是汽液界面控制，控制采用的是 steam trap 控制方法（又称 subcool control）。

sub-cool= 饱和温度—生产井的实际流体温度≈5～20℃。

（三）SAGD 结束阶段操作参数

SAGD 结束阶段关键操作参数有：
（1）注入速度；
（2）采液速度与采注比。
SAGD 结束阶段的特征为产油速度下降，油汽比大幅下降。SAGD 稳产操作一般 7～9 年后，则应该采取措施进入 SAGD Wind-down 过程。

SAGD Wind-down 过程的选择有：NCG（非凝析气体）、烟道气、溶剂及水驱等。如1998 年 4 月在 Dover 试验区的 B 阶段，进行 SAGD 后注 NCG 继续开发。

第二节　SAGD 井作业特殊性

SAGD 井根据其注入蒸汽和产出油、水、汽的特性，既不同于一般意义上的油井、水井、天然气井，也不同于一般意义上的稠油井，而是同时具备这四种井产出物的共同特征，并伴有高温。因此 SAGD 井作业不能等同于一般稠油井作业，现有的井下作业装备、井控技术、施工工艺、作业人员的防护措施都不能有效控制 SAGD 蒸汽腔高温高压的过热蒸汽。其特殊性主要体现在以下几个方面。

一、地层条件特殊

风城超稠油油藏为辫状河沉积，油层埋深浅，油层薄，地层条件复杂，原油物性差、黏度大，既不同于加拿大等国外稠油油藏，也不同于辽河深层油藏。常规蒸汽无法取得很好的降黏效果。SAGD 采出液具有温度高、携汽量大、携砂严重、油水乳化类型复杂等特点，常规稠油作业配套技术不能满足 SAGD 开发的需要，此外，存在给作业带来最大困难的蒸汽腔，井与井之间存在连通窜汽的风险。

二、井身结构特殊

SAGD 井垂深短，造斜点浅，水平段长且为悬挂筛管完井结构，井筒尺寸变化大、管柱多，水平段容易砂埋，现场应用过程中发现采油树不同程度的抬升现象，最大抬升量达30cm，生产过程中存在较大的安全隐患。部分井口因抬升导致井口和地面管线严重变形产生泄漏。另外，沿用常规稠油热采套管头结构，无法满足过热蒸汽长期生产要求，部分井套损现象严重，套管头泄漏现象普遍。如最初沿用常规稠油热采套管头，这些套管头均存在 2～3 处密封部分（易泄漏点），在相对注汽压力较低时，能够较好实现密封目的，但是在超稠油 350℃的注汽温度和 12MPa 注汽压力下，这些部位的密封可靠性急剧降低，注入过热蒸汽从套管头密封失效部位泄漏。

三、管柱和杆柱结构特殊

SAGD 井管柱多、规格杂，结构特殊（隔热油管、内接箍油管），抽油杆柱附件品种多（光杆、抽油杆、加重杆、扶正器、防脱器、脱接器），尺寸变化大，采油树抬升导致的光杆偏磨问题严重。

四、举升泵结构特殊

SAGD 井的举升泵泵径大、冲程长，部分井的抽油泵泵径达到了 120mm，冲程达到了 8m。柱塞无法通过采油树提出和下入，只能使用脱接器与抽油杆连接，给检泵、投堵等作业带来很大的难度。

五、井口要求和结构特殊

由于要满足 SAGD 注汽、循环、测试、生产等工艺要求,使用的井口装置与常规的稠油井在结构和功能上都有很大的区别,先后投入试验和应用的井口结构型式特殊。在井口装置配套、设计制造、使用维护等方面特殊性明显,另外承压本体因铸造工艺的局限性,可能存在微观的气孔等内部缺陷,在后续循环预热过程中存在冲蚀泄漏风险。图 2-3 为某区块 SAGD 注汽井冲蚀泄漏情况。

图 2-3　SAGD 注汽井现场冲蚀泄漏图

六、作业空间特殊

SAGD 井抽油机冲程长,让位方式与让位空间与常规稠油井有很大的区别,作业空间有限。图 2-4 为 SAGD 井抽油机安装位置及作业空间。

(a)　安装位置　　　　　　　　　　　(b)　作业空间

图 2-4　SAGD 井抽油机安装位置及作业空间图

第三节　SAGD 井作业关键点

鉴于 SAGD 井的特殊性，对比常规的作业手段，结合前期完成的修井作业，对 SAGD 井实施作业时主要注意以下几个关键点。

一、压井

SAGD 井内介质温度高、汽腔体积大，采用常规压井方法需要排液循环，排液时间长，地层热量损失大，平衡液柱建立的难度大。

二、井控

部分 SAGD 井井口无法安装有效的井控装置，给作业过程的井控带来很大的难度。

三、拆卸

由于 SAGD 井长期处于高温高压工况下，井口螺栓、油管、光杆、抽油杆等连接部位因锈蚀、变形等原因而导致拆卸特别困难，作业过程耗时费力。

SAGD 井的特殊井型及管柱结构，要求井下机具应具备紧凑、方便入井和提出的特点。鉴于井口结构、井身结构、管杆结构的不同，SAGD 井下机具的起下不同于常规油气井，在作业时应重点关注以下问题。

（1）油管、抽油杆的卸扣困难，影响作业速度，特别是发生应急时无法快速卸开，影响救援。

（2）SAGD 生产井为平行双管悬挂，没有有效的双管防喷器，且压井后 5～6h 井内会再次不稳定，需反复多次压井，井内管柱扰动后，井液流向井筒，井口温度上升，对人员抢关井口造成不利影响，目前还没有较好的解决办法，是影响 SAGD 井井控失控的重要因素。

（3）除油管、抽油杆外，井下工具附件较多，不同规格型号的井下机具外径、长度、深度、扣型、拆卸及连接方式及有关参数不详，无法针对性制订相应应急措施。

（4）SAGD 井抽油杆连接有 $\phi70mm$ 扶正器以及不同规格的加重杆，杆柱变径范围大，无对应的抽油杆防喷装置，起下过程存在井控风险。

（5）目前 SAGD 井大部分柱塞最小外径为 $\phi95mm$，但井口抽油三通通径只有 $\phi80mm$，无法在下泵后直接安装井口抽油三通，需下泵完成后先将柱塞下入井内，再安装井口抽油三通，再下抽油杆，增加了作业风险。

（6）主管提下完后，准备提下副管时，要拆卸井口大四通，井口有 2～3h 处于失控状态。

（7）井口不居中，提下油管，容易挂井口。

（8）对于抽油杆卡的井，由于抽油杆是带有防脱器的防脱抽油杆，无法使用倒扣器进行倒扣，需防范人工剪断抽油杆出现的人员伤害风险。

（9）井口提下作业时，要随时监测井内温度变化，波动较大时立即关井观察，防止高温烫伤。

（10）由于 SAGD 井稠油黏度大，易黏附于工用具上，造成工用具开关失灵，导致安全及工程事故。

随着井组生产时间的延长，油井杆柱偏磨、泵卡、井口刺漏等问题逐年增加，图 2-5 为某作业区在 2011—2016 年期间累计出现问题井统计情况，蒸汽腔发育逐步扩大，老区油井排液、注汽井维护面临很大困难，鉴于 SAGD 井的特殊性和作业难点，常规的作业手段已完全不能满足实际要求，需要从井口及井控配套、过热锅炉配套及蒸汽品质提升、平衡压井方式、循环预热、带压解堵、带压维护及更换等各方面重新梳理，持续攻关形成 SAGD 井修井作业配套关键工艺技术，为超稠油 SAGD 开发提供工程技术支撑和保障。

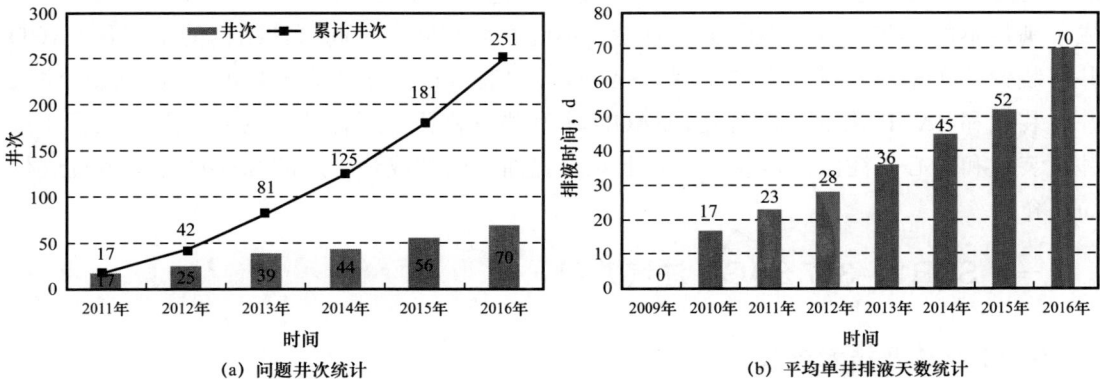

图 2-5　某作业区 2011—2016 年问题井次及平均单井排液天数统计图

第三章　SAGD 井口控制技术

第一节　SAGD 井口装置

井口装置作为控制 SAGD 注汽井和采油井注汽、循环、抽油和测试过程的关键井控装置，与常规稠油井口有很大的区别。SAGD 工艺要求井口装置具备耐高温、高压、冲蚀的优良性能，同时还要满足多相流、多通道的工艺要求。经过长期的研究和应用试验，形成了满足不同工艺特点、不同工艺阶段、不同井筒空间、不同管柱结构的系列化 SAGD 井口装置并实现了规模化推广应用。SAGD 井口装置按照工艺实现角度分为 SAGD 注汽井口装置和 SAGD 采油井口装置，SAGD 注汽井口装置按照管柱结构分为平行双管注汽井口装置和同心管注汽井口装置。以下对新疆油田前期成功应用的 SAGD 井口装置进行简要介绍。

一、SKR14-337 SAGD 注汽井口

（一）结构及技术参数

SKR14-337 SAGD 注汽井口是实施 SAGD 双水平井先导试验期间为注汽井配套的井口装置，该井口装置因不能满足注汽工艺要求且不具备返液通道而没有大批量使用。图 3-1 为 SKR14-337 SAGD 注汽井口基本结构和技术参数。

产品型号	SKR14-337 SAGD
额定工作压力	21MPa
最高工作压力	14MPa
最高工作温度	337℃
主管公称通径	79mm（$3\frac{1}{8}$in）
副管公称通径	52mm（$2\frac{1}{16}$in）
油管头垂直通径	230mm
套管头连接螺纹	$9\frac{5}{8}$in BC

图 3-1　SKR14-337 SAGD 注汽井口结构和技术参数

（二）工艺实现方法

循环预热阶段，注汽井主管注汽、套管返排，转入 SAGD 采油阶段后，注汽井主管

注汽，采油井抽油。其工艺实现方法如图 3-2 所示。

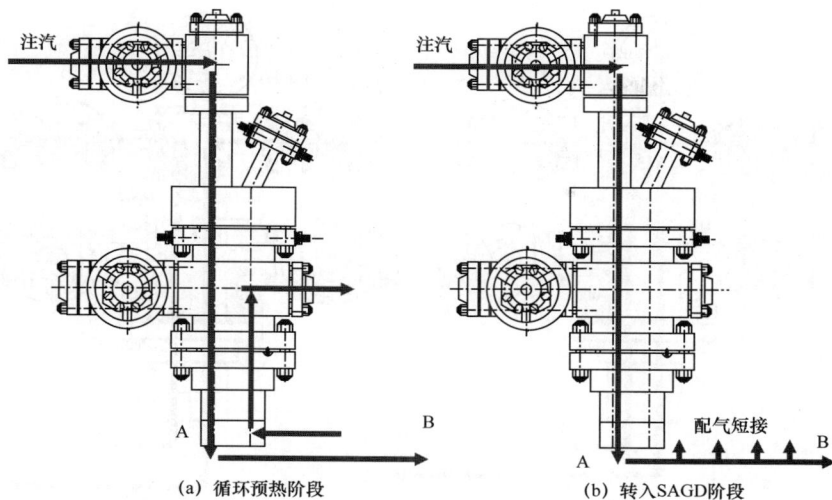

图 3-2 SKR14-337 SAGD 井口工艺实现图

二、KRS14-337-78×52 注汽井口

（一）结构与技术参数

KRS14-337-78×52 双管注汽井口是新疆油田超稠油 SAGD 双水平井先导试验期间为满足 A、B 两点注汽工艺要求而在常规水平井井口的基础上通过改变采油树端部结构和配置而用于 SAGD 注汽工况的井口装置，该产品是采用铸造工艺生产的井口装置。图 3-3 为 KRS14-337-78×52 双管注汽井口基本结构和技术参数。

产品型号	KRS14-337-78×52
额定工作压力	21MPa
最高工作压力	14MPa
最高工作温度	337℃
主管公称通径	78mm（$3\frac{1}{8}$in）
副管公称通径	52mm（$2\frac{1}{16}$in）
油管头垂直通径	229mm
套管头连接螺纹	$9\frac{5}{8}$in BC
主管连接螺纹	$3\frac{1}{2}$in NU
副管连接螺纹	$2\frac{3}{8}$in NU
连接形式	法兰式

图 3-3 KRS14-337-78×52 双管注汽井口结构和技术参数

（二）工艺实现

循环预热阶段，注汽井主管注汽、副管返排，转入 SAGD 采油阶段后，注汽井主管

注汽，采油井抽油。其工艺实现方法如图 3-4 所示。

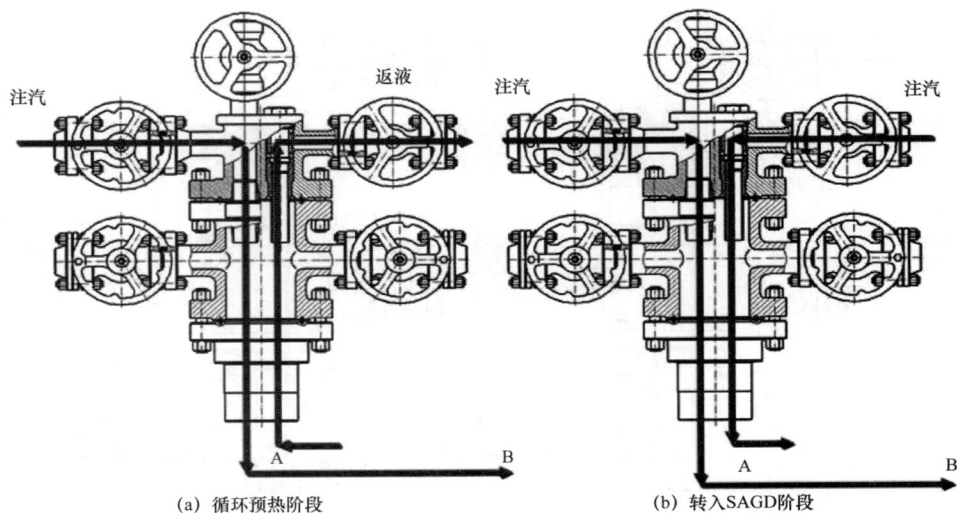

(a) 循环预热阶段   (b) 转入SAGD阶段

图 3-4   KRS14-337-78×52 双管注汽井口工艺实现图

三、SKR14-337-150×50

（一）结构与技术参数

    SKR14-337-150×50 SAGD 生产井口是在前期先导试验的基础上由新疆油田研究设计的用于 SAGD 生产井的井口装置，该井口装置满足了生产井的循环、生产和测试工艺要求，该产品是采用铸造工艺生产的井口装置。图 3-5 为该井口装置的结构和技术参数。

产品型号	SKR14-337-150×50
额定工作压力	21MPa
最高工作压力	14MPa
最高工作温度	337℃
主管公称通径	79mm（$3\frac{1}{8}$in）
副管公称通径	52mm（$2\frac{1}{16}$in）
油管头垂直通径	150mm
套管头连接螺纹	$9\frac{5}{8}$in BC
主管连接螺纹	$4\frac{1}{2}$in NU
副管连接螺纹	$2\frac{3}{8}$in NU
连接形式	法兰式

图 3-5   SKR14-337-150×50 SAGD 生产井口结构和技术参数

（二）工艺实现

循环预热阶段，注汽井主管注汽、副管返排，转入 SAGD 采油阶段后，注汽井主管注汽，采油井抽油。其工艺实现方法如图 3-6 所示。

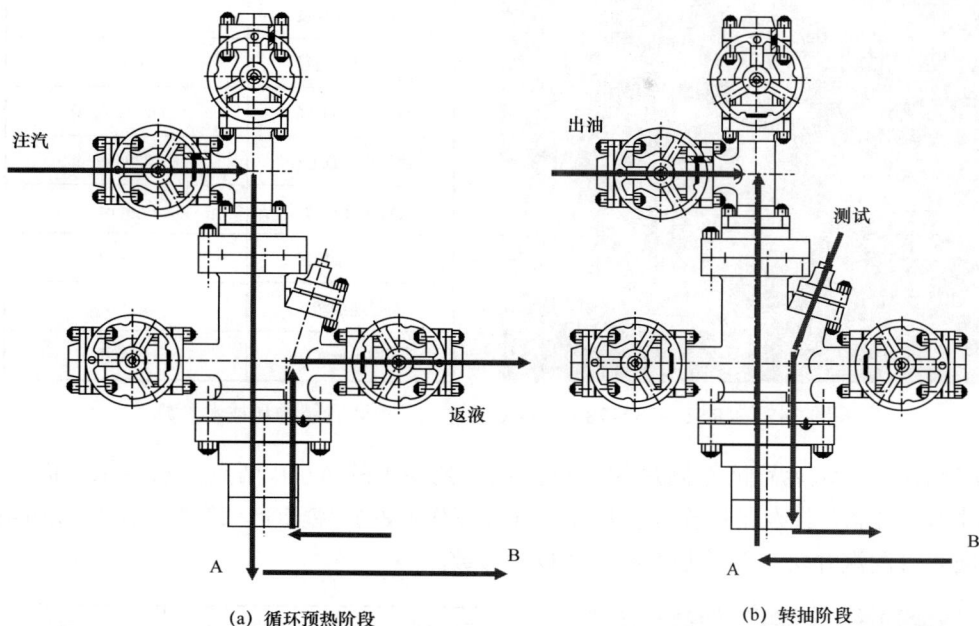

(a) 循环预热阶段　　　　　　　　(b) 转抽阶段

图 3-6　SKR14-337-150×50 SAGD 生产井口工艺实现图

四、KRS14-337-78×52D

（一）结构与技术参数

KRS14-337-78×52D 双管注汽井口装置是在 KRS14-337-78×52 井口装置基础上为提高承压本体可靠性和抗冲蚀能力而设计的，该井口装置维持了 KRS14-337-78×52 井口装置的结构和功能，采用了全锻造结构的本体材料，以提高装置的稳定性和可靠性。图 3-7 为 KRS14-337-78×52D 双管注汽井口装置的基本结构和技术参数。

（二）工艺实现

该井口的整体结构和端部出口与 KRS14-337-78×52 双管注汽井口相同。工艺实现方法也相同。

五、KRT14-337A（B）同心管注汽井口装置

（一）结构与技术参数

KRT14-337A（B）同心管注汽井口装置，是为满足 SAGD 同心管注汽工艺而设计的

产品型号	KRS14-337-78×52D
额定工作压力	21MPa
最高工作压力	14MPa
最高工作温度	337℃
主管公称通径	78mm（$3\frac{1}{8}$in）
副管公称通径	52mm（$2\frac{1}{16}$in）
油管头垂直通径	229mm
套管头连接螺纹	$9\frac{5}{8}$in BC
主管连接螺纹	$3\frac{1}{2}$in NU
副管连接螺纹	$2\frac{3}{8}$in NU
连接形式	法兰式

图 3-7 KRS14-337-78×52D 双管注汽井口装置结构和技术参数

专用注汽井口，该装置能够满足 SAGD 注汽工艺要求的 A、B 两点注汽要求，而且满足修井过程的可靠井控及带压作业，从而保证井下作业的井控安全。图 3-8 为 KRT14-337A（B）同心管注汽井口装置的基本结构和技术参数。

产品型号	KRT14-337A	KRT14-337B
额定工作压力	21MPa	21MPa
最高工作压力	14MPa	14MPa
最高工作温度	337℃	337℃
采油树公称通径	79mm×79mm	65mm×65mm
油管头垂直通径	229mm/162mm	229mm/162mm
套管头连接螺纹	$9\frac{5}{8}$in BC	$9\frac{5}{8}$in BC
一级管柱连接螺纹	7in LC	$5\frac{1}{2}$in LC
二级管柱连接螺纹	$4\frac{1}{2}$in NU	$3\frac{1}{2}$in NU
连接形式	法兰式	法兰式

图 3-8 KRT14-337A（B）同心管注气井口装置的基本结构和技术参数

（二）工艺实现

KRT14-337A（B）同心管井口装置目前仅在 SAGD 注汽井口中使用，该井口装置同心悬挂两级油管。循环预热阶段，管内注汽，环空返液。生产阶段，管内和环空同时注汽，满足水平段两点注汽的工艺要求。图 3-9 为 KRT14-337A（B）同心管注气井口装置工艺方法及通道。

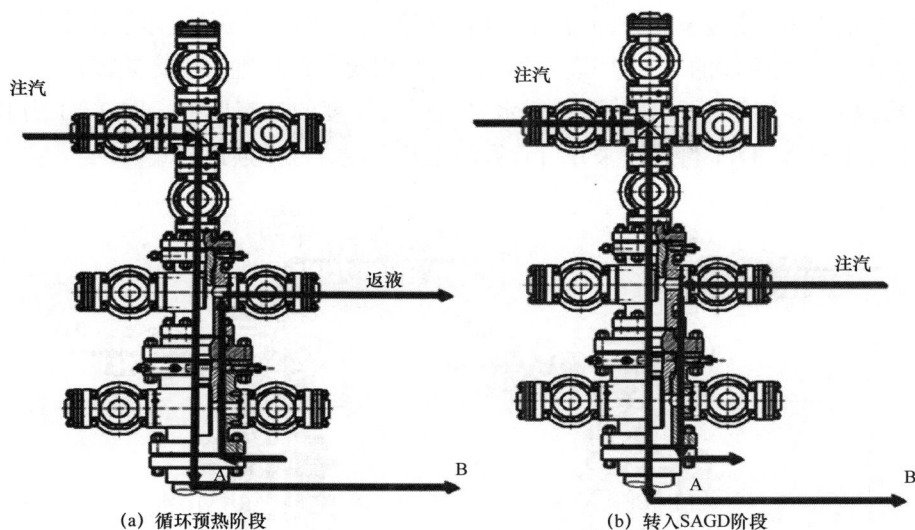

(a) 循环预热阶段	(b) 转入SAGD阶段

图 3-9 KRT14-337A（B）同心管注汽井口装置工艺实现图

六、KRS14-337-79×52-I/P SAGD 平行管注采井口装置

（一）结构与技术参数

KRS14-337-79×52-I/P SAGD 平行管注采井口装置根据双水平井 SAGD 注采工艺设计，该装置以成对形式出现，分别为注汽井口装置和采油井口装置，可满足 SAGD 生产过程的注汽、循环、测试、采油等工艺要求，装置采用单井筒双独立采油树结构，可在后期管柱维护过程中实现任何一个管柱的单独作业。图 3-10 为 KRS14-337-79×52-I/P SAGD 平行管注采井口装置的基本结构和技术参数。

产品型号	KRS14-337-79×52-I/P
额定工作压力	21MPa
最高工作压力	14MPa
最高工作温度	337℃
主管公称通径	79mm（$3\frac{1}{8}$in）
副管公称通径	52mm（$2\frac{1}{16}$in）
套管头连接规格	$13\frac{3}{8}$in

图 3-10 KRS14-337-79×52-I/P SAGD 平行管注采井口装置结构和技术参数

（二）工艺实现

KRS14-337-79×52-I/P SAGD 平行管注采井口装置的采油树相互独立，注汽井（I井）在循环预热阶段通过主管注汽通道向井内注入高干度蒸汽，副管进行返排。进入

SAGD 生产阶段后，通过主副管同时注汽或根据地层热量分布情况选择单管注汽。生产井（P 井）在循环预热阶段的工艺实现方法与注汽井相同，只是进入生产阶段后，主管下入抽油泵进行抽油，副管下入测试管进行水平段压力温度的动态监控。图 3-11 为 KRS14-337-79×52-I/P SAGD 平行管注采井口装置的工艺实现方法及通道。

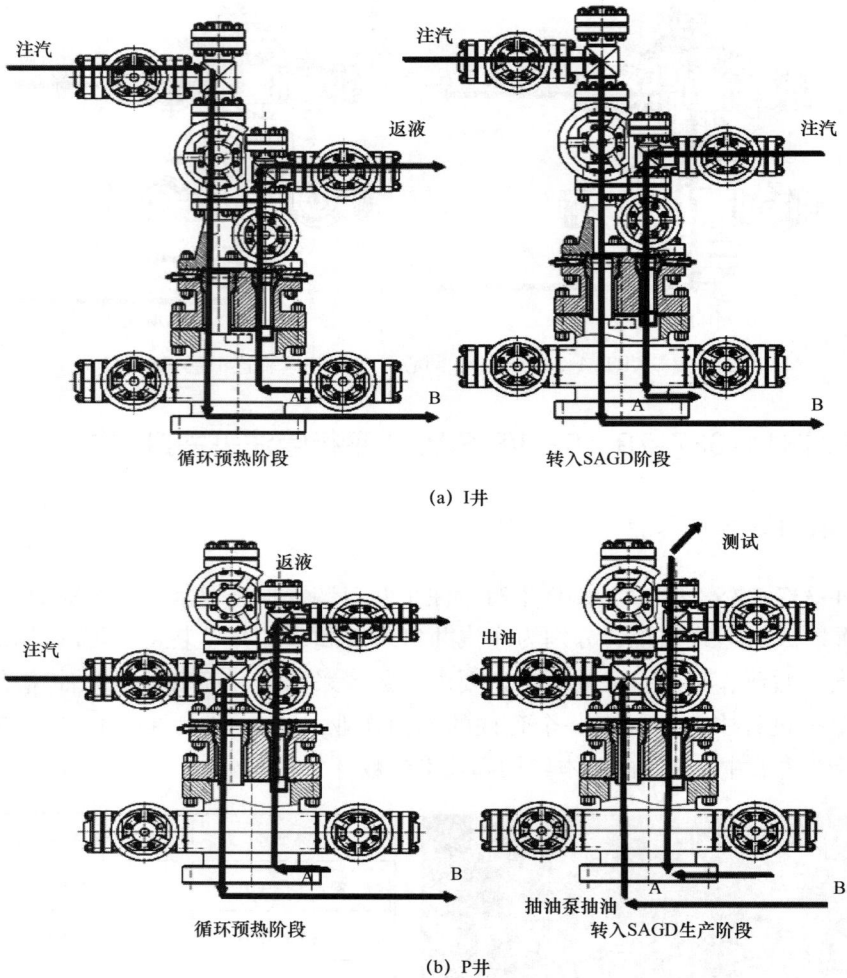

(a) I井

(b) P井

图 3-11　KRS14-337-79×52-I/P SAGD 平行管注采井口装置工艺实现图

第二节　SAGD 井口装置设计技术

一、SAGD 同心管注汽井口装置设计

（一）设计原则

（1）同心双管管柱规格符合现场套管尺寸安装要求，同心双管管柱最大程度增加蒸汽

注入量，增加注驱效果；

（2）满足国家、行业和企业标准要求；

（3）满足 SAGD 注汽井工艺要求；

（4）满足实施带压作业的结构和尺寸要求；

（5）满足高温、高压等恶劣工况下连续服役的密封可靠性和使用安全性。

（二）管柱匹配

采用等效面积计算方法，优选标准通径系列，确定两种注汽管柱组合，分别为 7in LC×$4\frac{1}{2}$in NU 和 $5\frac{1}{2}$in LC×$3\frac{1}{2}$in NU（图 3-12），满足最大蒸汽注入量和介质流速的要求，管内和环空同时注汽，减少热量损失，提高注汽效率和注汽效果。

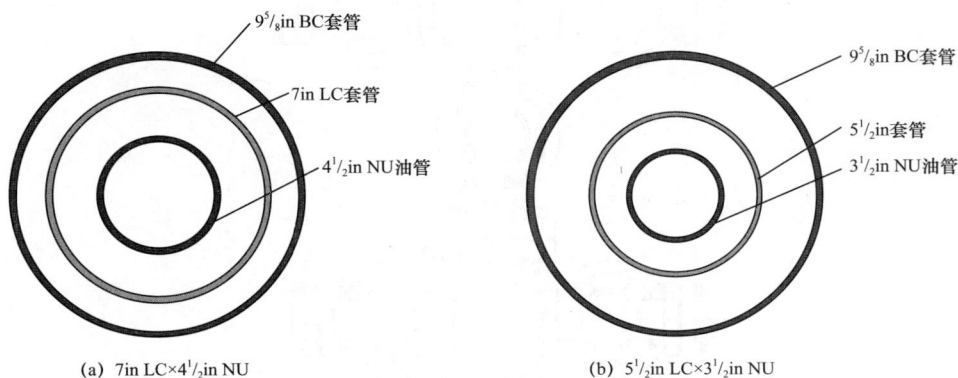

(a) 7in LC×$4\frac{1}{2}$in NU　　　　　　(b) $5\frac{1}{2}$in LC×$3\frac{1}{2}$in NU

图 3-12　同心管管柱匹配结构

（三）设计参数

根据行业标准型号表示方法和主要技术参数，确定设计参数见表 3-1。

表 3-1　同心管注汽井口装置技术参数

产品型号及名称	KRT14-337A（B）同心管注汽井口装置
公称通径，mm×mm	162×78，116×65
最高工作温度下的工作压力，MPa	14
最高工作温度，℃	337
连接型式	法兰式
连接油管	7in LC×$4\frac{1}{2}$in NU，$5\frac{1}{2}$in LC×$3\frac{1}{2}$in NU
适应套管	$9\frac{5}{8}$in BC

（四）总体结构设计

SAGD 同心管注汽井口装置设计为双翼八阀结构（图 3-13），主要由一级油管头、二级油管头及采油树组成。多级油管头装置的组合设计，使油套环空和各管柱环空均可作为返液通道，满足了新疆油田 SAGD 注汽工艺对井口装置需设计返液通道的要求。同时各级油管头的油管悬挂设计为芯轴式油管悬挂结构，能够实现各级管柱环空的密封，通过金属密封、非金属防护的双垫环结构设计，实现油管悬挂的可靠密封并对后期维护作业的端部连接和密封做好防护。

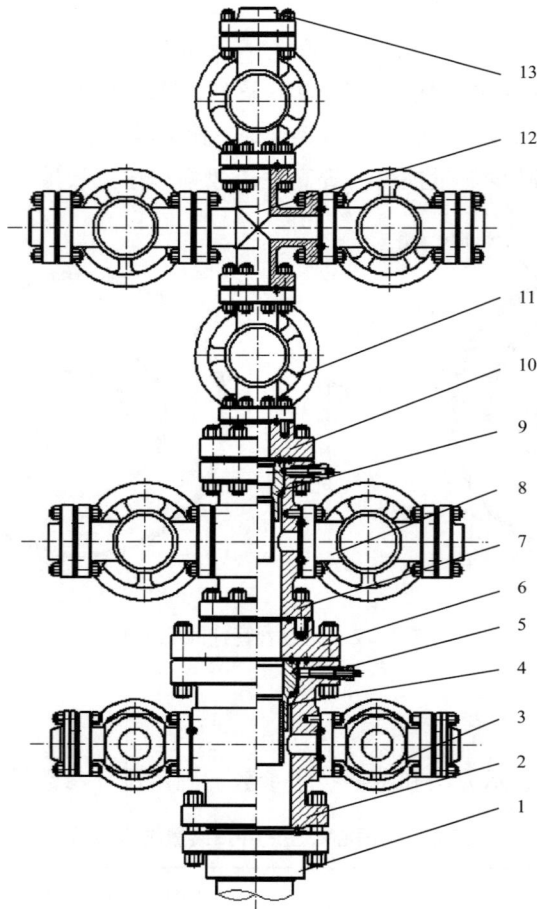

图 3-13　同心管注汽井口装置结构图

1—套管法兰组件；2——级油管头四通；3—套管闸阀；4——级油管；5—顶丝锁紧机构；6——级油管头异径接头；
7—二级油管头四通；8—二级套管闸阀；9—二级油管悬挂器；10—二级油管头异径接头；
11—主控闸阀；12—小四通；13—顶部连接法兰

（五）油管头装置结构设计

将油管头装置设计为芯轴式油管悬挂结构（图 3-14），采用主、颈双金属密封和非金属材料辅助密封结构，通过顶丝锁紧机构和管柱自重共同激发密封，解决长期高温、高压工况下芯轴式油管悬挂结构在油管头上的密封问题。实施带压作业时，在油管投堵成功的基础上通过顶丝机构压紧激发油管悬挂器金属主密封控制环空压力，拆卸油管头异径接头以上部分安装带压作业装置，完成中心管柱的带压拖动及修井维护的管柱带压作业。

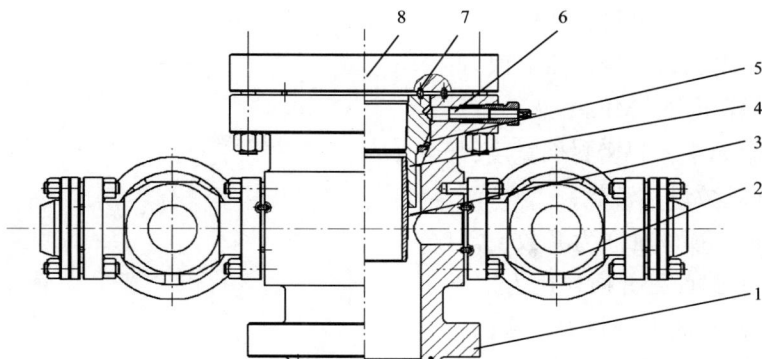

图 3-14　芯轴式油管悬挂结构图

1—油管头四通；2—套管闸阀；3—油管挂短接；4—油管悬挂器；5—主密封环；
6—顶丝锁紧机构；7—颈部密封环；8—油管头异径接头

（六）油管头主密封设计计算

油管头主密封在生产状态和带压作业投堵并拆除油管头异径接头以上部分的结构分别如图 3-15 和图 3-16 所示。

在带压作业投堵状态下，主密封环与油管头四通本体密封面的接触密封比压计算如下。

$$y_F = F_{总}/S_1 \tag{3-1}$$

$$F_{总} = (F_1 + F_2 - F_3)\cos 67° \tag{3-2}$$

$$F_1 = n(K_1 \cdot F_{MJ} + K_2 \cdot F_{MF} + F_P + F_T)\cos 45° \tag{3-3}$$

$$F_{MJ} = \frac{\pi}{4}(D_{MN} + b_M)^2 p \tag{3-4}$$

$$F_{MJ} = \pi(D_{MN} + b_M)b_M q_{MF} \tag{3-5}$$

$$F_P = \frac{\pi}{4}d_F^2 \cdot p \tag{3-6}$$

$$F_T = \varphi \cdot d_F \cdot b_T \cdot p \tag{3-7}$$

$$F_2 = h \cdot \gamma \tag{3-8}$$

$$F_3 = p \cdot S_2 \tag{3-9}$$

式中　y_F——主密封接触面密封比压，N/mm²；

$\quad F_{总}$——金属主密封所受压力，N；

$\quad F_1$——顶丝下压力，N；

F_2——悬挂管柱重量，N；

F_3——井内压力对悬挂器上顶力，N；

p——计算压力，MPa；

b_M——金属主密封密封面宽度，mm；

n——顶丝数量，常数；

K_1，K_2——顶丝轴向力系数，常数；

F_{MJ}——密封面处介质作用力，N；

F_{MF}——密封面上密封力，N；

F_P——顶丝径向截面上介质作用力，N；

F_T——顶丝与填料摩擦力，N；

D_{MN}——顶丝密封面内径，mm；

q_{MF}——密封面必须比压，N/mm^2；

d_F——顶丝直径，mm；

φ——填料系数，常数；

b_T——填料宽度，mm；

h——油管长度，m；

γ——油管单位长度质量，kg/m；

S_1——垫环密封面接触面积，mm^2；

S_2——悬挂器密封面面积，mm^2。

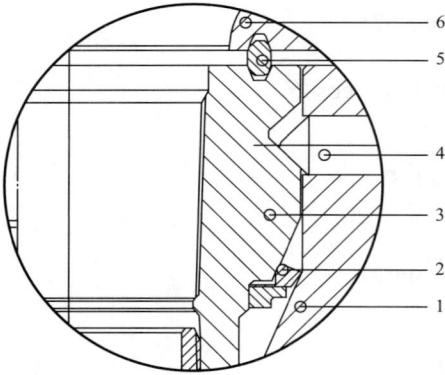

图 3-15　生产状态油管悬挂系统结构图

1—油管头四通；2—油管头主密封环；

3—油管悬挂器；4—顶丝锁紧机构；

5—颈部密封环；6—油管头异径接头

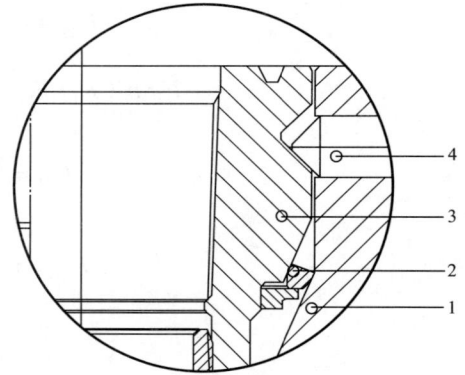

图 3-16　带压作业状态油管悬挂系统结构图

1—油管头四通；2—油管头主密封环；

3—油管悬挂器；4—顶丝锁紧机构

二、SAGD 平行双管热采井口装置设计

（一）设计原则

（1）产品满足 SY/T 5328—2019《石油天然气钻采设备热采井口装置》标准要求；

（2）产品满足SAGD注汽井A、B两点注汽要求，SAGD生产井满足抽油和测试工艺要求，同时满足循环预热阶段注汽和返液的工艺需求；

（3）平行双管悬挂方式满足实施带压作业的结构要求，双管悬挂端部具备分别与带压作业设备匹配相连的接口；

（4）热采闸阀及关键密封部位满足高温高压恶劣工况下连续服役的可靠性和安全性。

（二）结构设计

1. SAGD平行双管热采井口装置结构设计

SAGD平行双管热采井口装置以成对形式配置，整体结构设计为双翼六阀结构（图3-17和图3-18），主要由油管头装置、主管采油树和副管采油树组成，SAGD平行双管注汽井口装置满足循环预热阶段注汽和返液，以及转SAGD阶段双管同时注汽的工艺要求；SAGD平行双管采油井口装置满足循环预热阶段注汽和返液，以及转SAGD阶段大功率采油及井下测试工艺要求。平行双"芯轴式"油管悬挂结构设计，具备实现主、副管分别带压作业的结构基础。承压本体均采用全锻结构和金属密封结构设计，提高产品的密封性和安全可靠性。

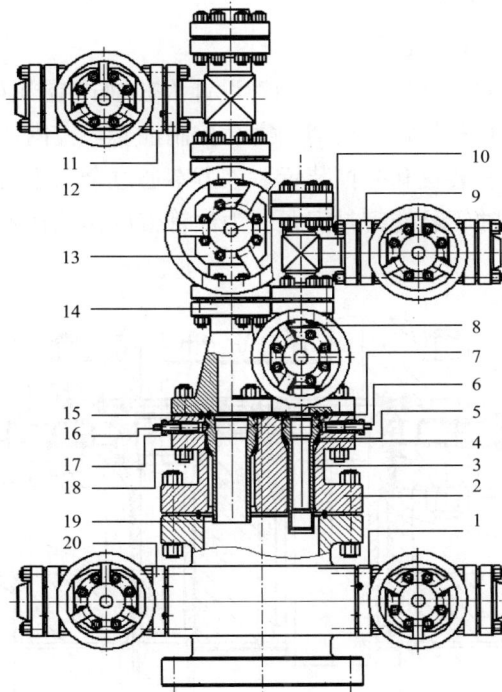

图3-17　SAGD平行双管注汽井口装置结构图

1—油管头四通；2—双管六通；3—副管油管挂；4—副管主密封；5—副管辅助密封；6—副管顶丝机构；
7—副管颈部密封；8—副管主控闸阀；9—副管闸阀；10—副管三通；11—主管闸阀；12—主管三通；
13—主管主控闸阀；14—主管大小法兰；15—主管颈部密封；16—主管顶丝机构；
17—主管辅助密封；18—主管主密封；19—主管油管挂；20—套管闸阀

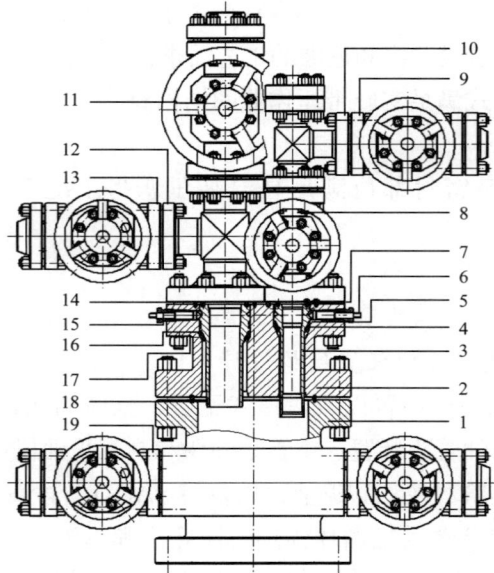

图 3-18　SAGD 平行双管采油井口装置结构图

1—油管头四通；2—双管六通；3—副管油管挂；4—副管主密封；5—副管辅助密封；6—副管顶丝机构；7—副管颈部密封；8—副管主控闸阀；9—副管闸阀；10—副管三通；11—主管闸阀；12—主管三通；13—主管生产闸阀；14—主管颈部密封；15—主管顶丝机构；16—主管辅助密封；17—主管主密封；18—主管油管挂；19—套管闸阀

2. 双芯轴式油管悬挂结构设计

SAGD 平行双管热采井口装置将主、副管设计为芯轴式结构（图 3-19），通过顶丝机构压紧主、副管金属主密封和复合材料辅助密封控制油套环空内压力，从而拆卸芯轴式悬挂器以上部分安装带压作业装置和井控装置。该方案通过金属主密封及辅助密封，解决了高温、高压工况下芯轴式油管悬挂密封问题，为油管带压作业技术在热采工况应用奠定了结构基础。

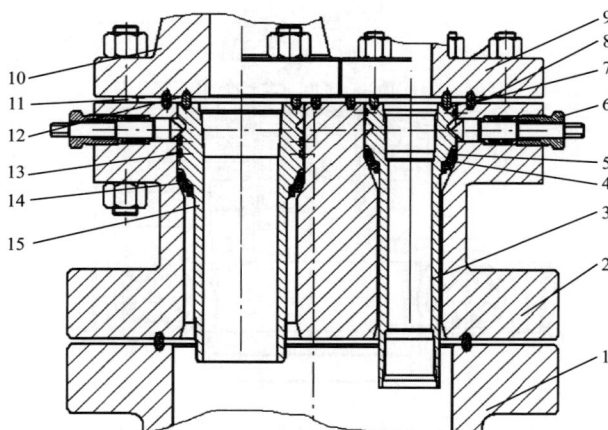

图 3-19　双芯轴式油管悬挂结构图

1—大四通；2—双管六通；3—副管油管挂；4—副管主密封；5—副管辅助密封；6—顶丝机构；7—副管颈部密封；8—副管带压连接钢圈；9—副管采油树；10—主管采油树；11—主管带压连接钢圈；12—主管颈部密封；13—主管辅助密封；14—主管主密封；15—主管油管挂

3. 单井筒双采油树结构装置设计

SAGD 平行双管热采井口装置将双管六通顶部法兰设计为扇形法兰结构，设计了双钢圈结构，内钢圈在生产阶段作为颈部密封控制油管的密封，外部钢圈在安装带压作业装置及井控装置时使用，实现了单井筒内双管柱结构在端部分别实现主管和副管通道的相互独立，为双采油树结构设计奠定了连接与密封基础。实现了 SAGD 注采井口装置后期维护的有效井控和双管独立带压作业。

4. SAGD 专用闸阀结构设计

SAGD 专用闸阀结构设计采用了双面强制密封的明杆楔形闸阀，阀体采用整体式锻造成型方式，阀体与阀盖的连接与密封采用螺柱预紧和钢制垫环密封，可通过人工紧固螺栓对闸阀密封性进行调节。解决了原螺纹结构闸阀密封失效后无法实施人工紧固的难题。

（三）关键零件三维建模及强度校核

在 SAGD 平行双管井口装置结构设计中，油管头装置起着承压、悬挂双油管管柱、密封油套环空和后期连接带压作业装置等功能，在整套井口装置的设计中其结构的合理性和安全性起着重要作用，所以以平行双管油管头为例进行分析和校核。

按照平行双油管规格、结构和功能的实现将平行双管油管头设计为独立双通道结构，底部与油管头四通连接，上部为扇形法兰结构，可以分别连接带压作业装置实现双管的独立带压作业，其基本结构如图 3-20 所示。

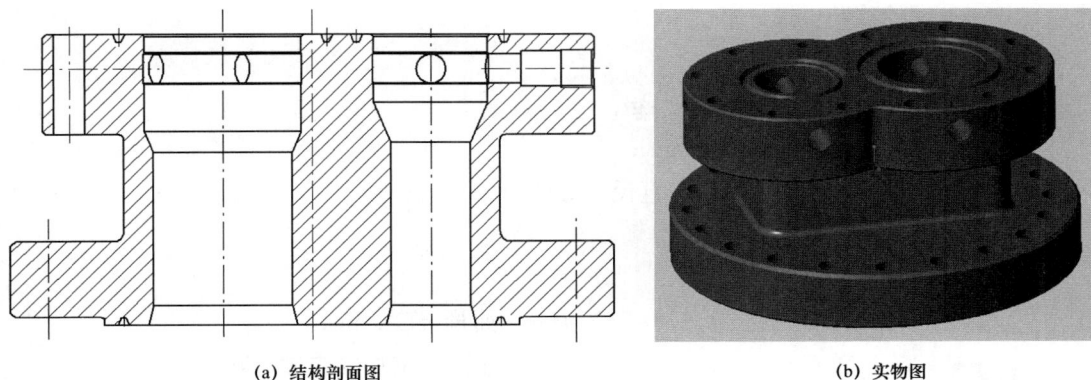

(a) 结构剖面图　　　　　　　　　　　　(b) 实物图

图 3-20　平行双管油管头结构图

1. 壁厚计算

最小壁厚计算应用计算公式：

$$t_1 = 2 \cdot p_1 \cdot R / (2S_T - p_1) \tag{3-10}$$

$$S_T = 0.83 S_Y \tag{3-11}$$

$$t_2 = \sqrt{\frac{S_M}{S_M - 2 \cdot p_2}} R - R \qquad (3-12)$$

$$S_M = \frac{2}{3} S_Y \qquad (3-13)$$

式中　t_1——一次薄膜应力最小壁厚，mm；

　　　t_2——二次应力强度最小壁厚，mm；

　　　p_1——最高工作压力，MPa；

　　　S_T——一次薄膜应力强度，MPa；

　　　S_M——设计应力强度，MPa；

　　　S_Y——材料最小屈服强度，MPa；

　　　p_2——额定工作压力，MPa；

　　　R——承压圆筒内半径，mm。

2. 有限元分析边界条件计算

综合分析平行双管油管头的实际工况，其所受的力主要有法兰螺栓、垫环载荷，双采油树的重力载荷，主、副双油管悬挂载荷应用计算公式：

$$W = 2\pi \cdot b \cdot DG \cdot m \cdot p + 0.785 \cdot DG^2 \cdot p \qquad (3-14)$$

$$HG = 2\pi \cdot b + DG \cdot m \cdot p \qquad (3-15)$$

$$G = h \cdot \gamma + \rho \cdot s \cdot h \qquad (3-16)$$

式中　W——螺栓载荷，N；

　　　HG——垫环载荷，N；

　　　G——悬挂管柱和油栓载荷，kg；

　　　b——垫环有效密封宽度，mm；

　　　DG——垫环压紧力作用处的直径，mm；

　　　m——密封垫系数，常数；

　　　p——额定工作压力，MPa；

　　　h——油管长度，m；

　　　γ——油管单位长度质量，kg/m；

　　　s——油管面积，m^2；

　　　ρ——原油密度，kg/m^3。

3. 有限元分析

以 Pro/E 5.0 创建的计算模型为基础，使用 ANSYS 对模型进行网格划分，加载应力边界条件的理论计算数值压力载荷、螺栓载荷、垫环载荷、采油树重力载荷、油管挂悬挂载荷及约束。其有限元分析如图 3-21 至图 3-24 所示。

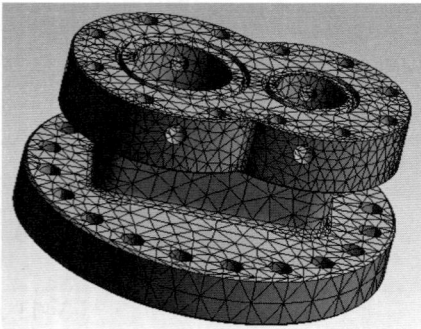

图 3-21　网格划分

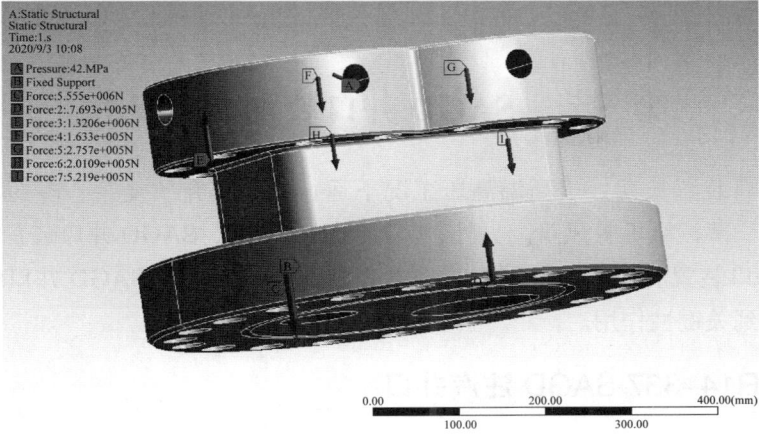

图 3-22　压力及边界载荷加载

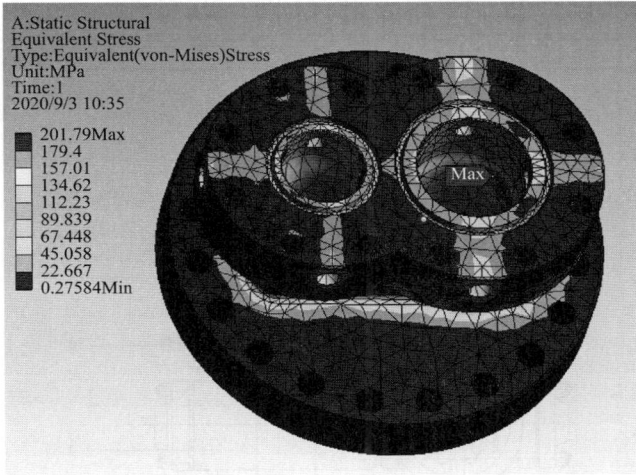

图 3-23　有限元分析应力分析结果

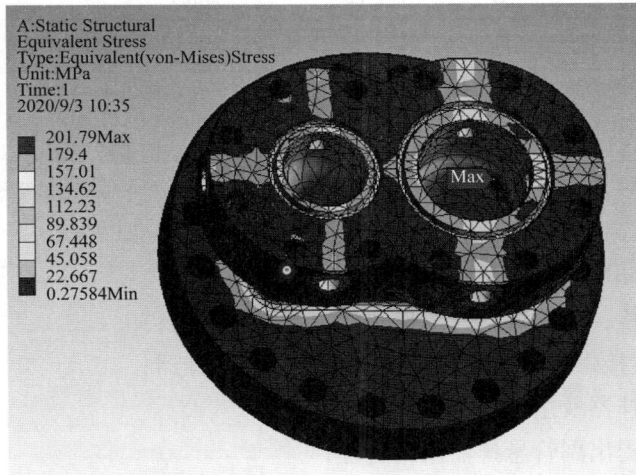

图 3-24　有限元分析应变分析结果

第三节　SAGD井口装置维护技术

SAGD井口装置长期处于高温高压工况下运行，工作介质复杂、多变，存在大气腐蚀、介质腐蚀、蒸汽结垢等风险。另外，为满足工艺要求，SAGD井口装置结构特殊、与常规采油气井口装置有很大的不同。正确的安装和拆卸对保障SAGD井口维护质量和长期稳定服役起到关键性作用。

一、SKR14-337 SAGD注汽井口

SKR14-337 SAGD注汽井口基本结构组成如图3-25所示。

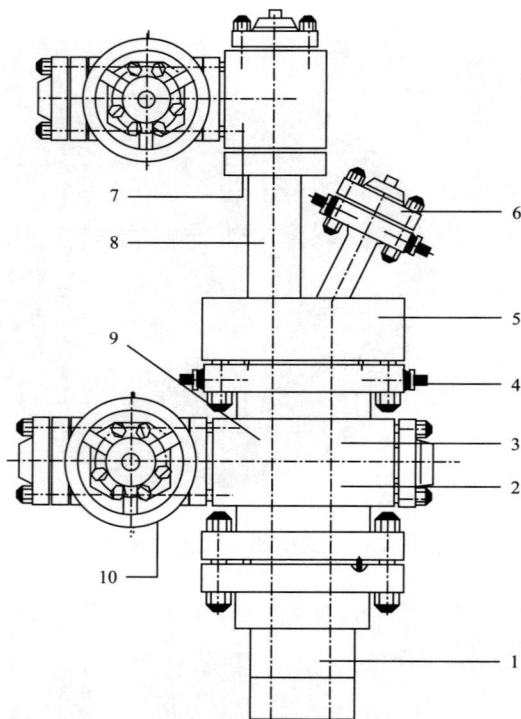

图3-25　SKR14-337 SAGD注汽井口结构组成图

1—套管法兰；2—大四通；3—副管悬挂；4—顶丝锁紧机构；5—上法兰；6—测试管悬挂密封装置；

7—四通；8—升高法兰；9—主管悬挂；10—$2\frac{7}{8}$in 闸阀

（1）拆卸过程如图3-26所示。

① 拆卸8条螺栓，取下法兰，退出顶丝、提出测试管；

② 拆卸16条连接螺栓，取下采油树，露出油管悬挂器；

③ 提出主管悬挂及主管柱；

④ 退出顶丝、提出副管悬挂器及副管柱；

⑤ 拆卸大四通与套管法兰的12条螺栓，取下大四通。

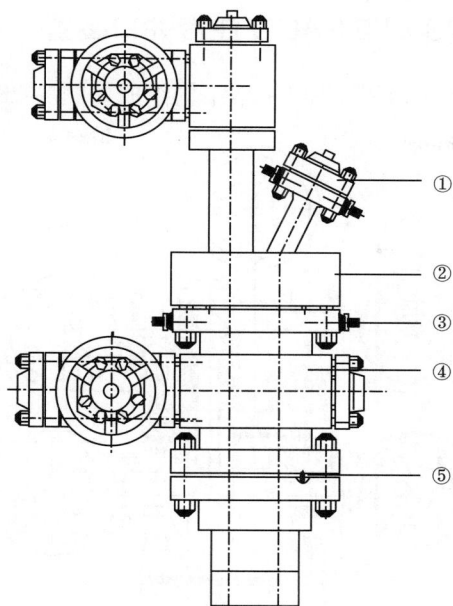

图 3-26　SKR14-337 SAGD 注汽井口拆卸过程图

（2）安装过程如图 3-27 所示。

①在套管法兰上安装垫环，坐大四通，安装连接螺栓；

②下副管，坐副管悬挂器；

③下主管，坐主管悬挂器，安装悬挂器密封件，上紧顶丝；

④安装采油树总成，上紧大四通与采油树连接螺栓。

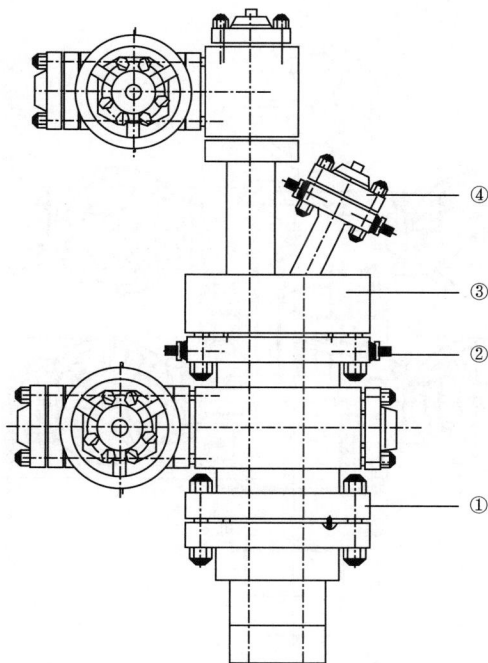

图 3-27　SKR14-337 SAGD 注汽井口安装过程图

二、KRS14-337-78×52 SAGD 注汽井口装置

KRS14-337-78×52 SAGD 注汽井口基本结构组成如图 3-28 所示。

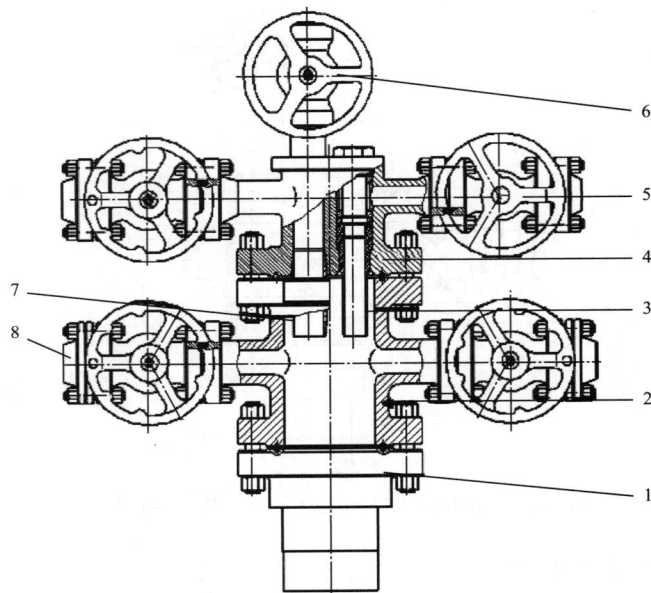

图 3-28　KRS14-337-78×52 SAGD 注汽井口结构组成图

1—套管法兰；2—大四通；3—副油管挂；4—双管六通；5—闸阀；6—测试闸阀；7—主管挂；8—螺纹法兰

（1）拆卸过程如图 3-29 所示。

① 拆卸丝堵，取出压套；

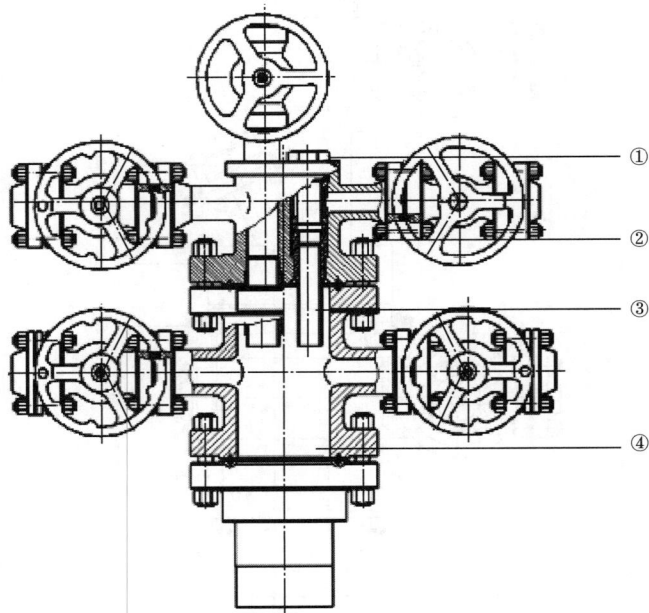

图 3-29　KRS14-337-78×52 SAGD 注汽井口拆卸过程图

② 拆卸 12 条连接螺栓，上提六通；

③ 先拆卸右侧副管挂，挂吊卡，转动六通，拆卸主管挂，提主副管；

④ 拆卸大四通与套管法兰连接螺栓，上提大四通。

（2）安装过程如图 3-30 所示。

① 安装密封垫环，坐大四通及套管阀门；

② 安装大四通与套管法兰螺栓；

③ 安装垫环，下主、副管柱，与双管六通油管挂连接；

④ 坐双管六通，安装六通与大四通连接螺栓；

⑤ 安装压套，上紧丝堵。

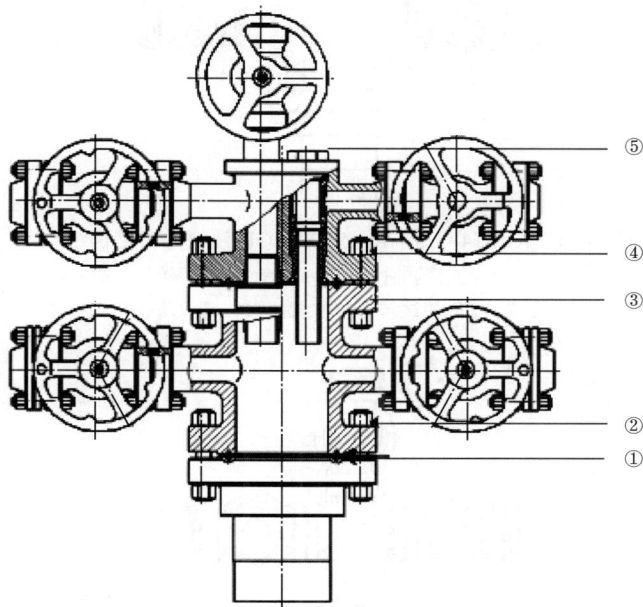

图 3-30 KRS14-337-78×52 SAGD 注汽井口安装过程图

三、KRS14-337-78×52D 注汽井口装置

KRS14-337-78×52D 注汽井口与 KRS14-337-78×52 注汽井口整体和内部油管悬挂结构完全相同（图 3-31），只是承压本体的材料由铸造升级为锻造结构，因此其拆卸和安装方式也与 KRS14-337-78×52 注汽井口装置相同。

四、KRT14-337A（B）同心管井口

KRT14-337A（B）同心管井口基本结构组成如图 3-32 所示。

（1）拆卸过程如图 3-33 所示。

① 拆卸二级油管头连接螺栓，上提采油树；

② 退出顶丝，上提二级油管悬挂器；

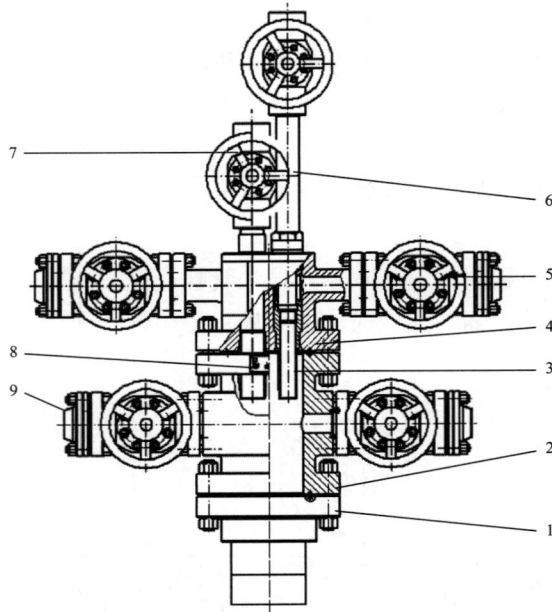

图 3-31　KRS14-337-78×52D SAGD 注汽井口结构组成图

1—套管法兰；2—大四通；3—副油管挂；4—双管六通；5—闸阀；6—副管测试闸阀；

7—主管测试阀；8—主管挂；9—螺纹法兰

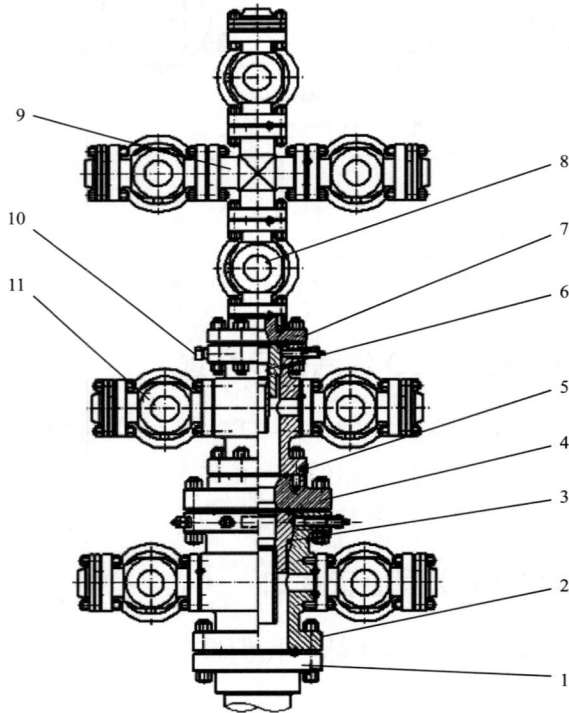

图 3-32　KRT14-337A（B）同心管井口结构组成图

1—套管法兰；2——级大四通；3——级油管挂；4——级转换法兰；5—二级大四通；6—二级油管挂；

7—二级转换法兰；8—主控闸阀；9—等径小四通；10—顶丝锁紧机构；11—闸阀

③拆卸油管头异径接头连接螺栓，上提二级油管头；

④退出顶丝，上提一级油管悬挂器；

⑤拆卸油管头底法兰连接螺栓，上提一级油管头。

（2）安装过程如图3-34所示。

①安装垫环，坐一级油管头，安装法兰连接螺栓；

②下油管，坐悬挂器，上紧顶丝；

③坐二级油管头，安装并上紧法兰连接螺栓；

④下油管，坐悬挂器，上紧顶丝；

⑤安装垫环，坐采油树，安装并上紧法兰连接螺栓。

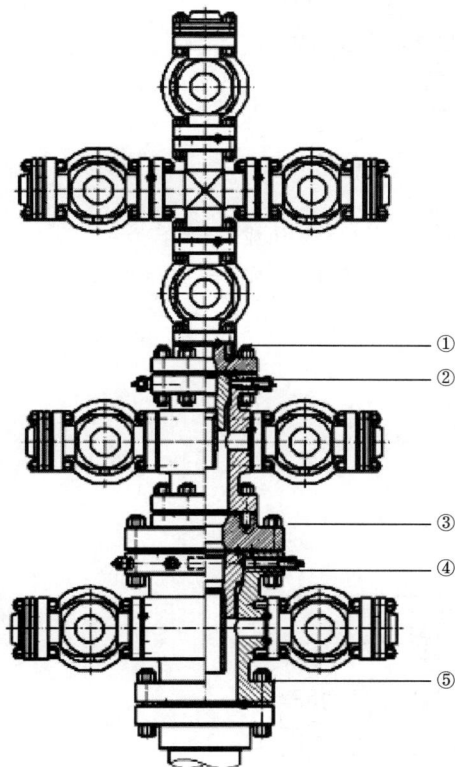

图3-33　KRT14-337A（B）
同心管井口拆卸过程图

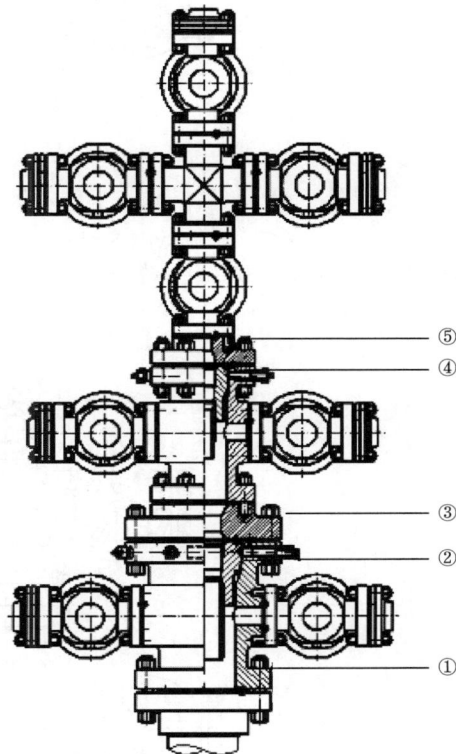

图3-34　KRT14-337A（B）
同心管井口安装过程图

五、SKR14-337-150×50生产井口

SKR14-337-150×50生产井口的结构组成如图3-35所示。

（1）拆卸过程如图3-36所示。

①拆卸油管头上法兰连接螺栓，上提采油树，露出主管油管挂短接；

②拆卸5条测试端法兰连接螺栓，取下法兰，提测试管；

③拆卸油管头底连接螺栓，上提油管头四通，露出副管油管挂短接。

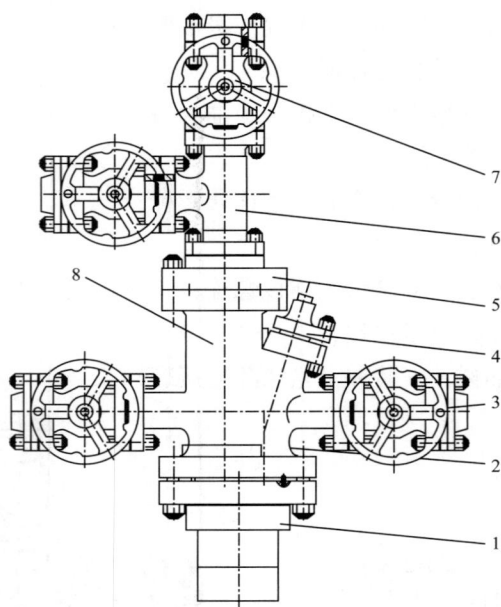

图 3-35　SKR14-337-150×50 生产井口结构组成图

1—套管法兰；2—油管头四通；3—套管闸阀；4—测试端接口；5—上法兰；6—三通；7—主控闸阀；8—主管悬挂器

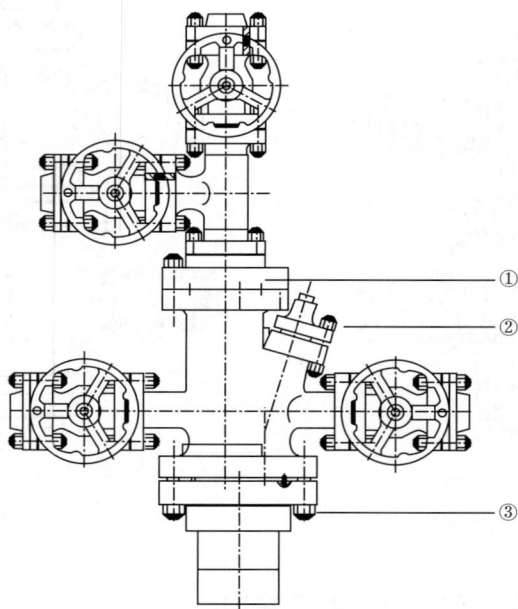

图 3-36　SKR14-337-150×50 生产井口拆卸过程图

（2）安装过程如图 3-37 所示。

① 安装垫环，在套管法兰基础上下副管；

② 通过副管短接与副管连接后坐油管头，安装法兰连接螺栓；

③ 安装垫环，下主管，通过主管油管短接与油管头异径接头连接；

④ 安装采油树底法兰连接螺栓。

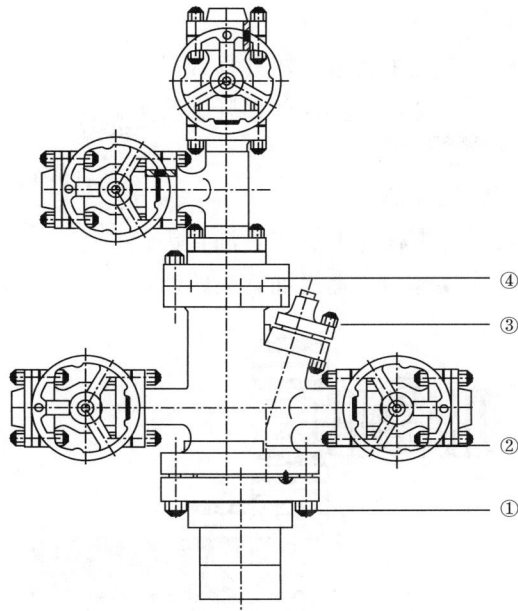

图 3-37　SKR14-337-150×50 生产井口安装过程图

六、KRS14-337-79×52I 注汽井口

KRS14-337-79×52I 注汽井口的结构组成如图 3-38 所示。

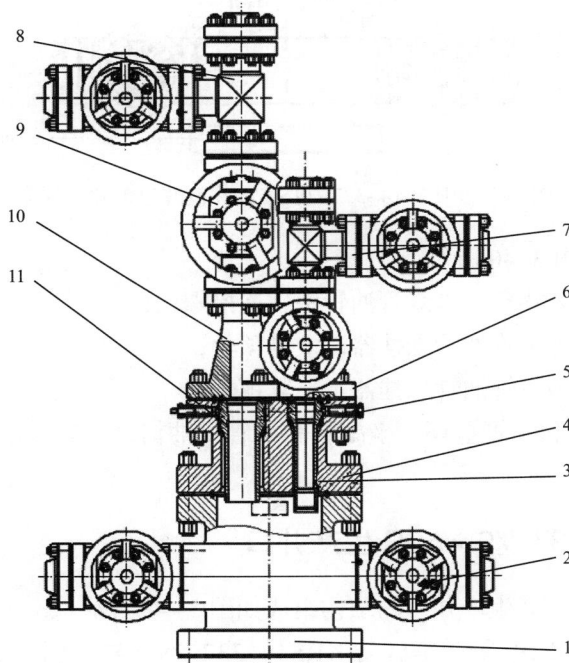

图 3-38　KRS14-337-79×52I 注汽井口结构组成图

1—油管头四通；2—套管闸阀；3—副油管挂；4—双管六通；5—顶丝锁紧机构；6—异径闸阀；
7—副管三通；8—主管三通；9—主控闸阀；10—大小法兰；11—主管悬挂器

（1）拆卸过程如图 3-39 所示。

①拆卸法兰连接螺栓，上提主管采油树并移开；

②拆卸副管采油树底法兰螺栓，上提并移开副管采油树；

③退出顶丝，上提主管悬挂器；

④退出顶丝，上提副管悬挂器；

⑤拆卸双管油管头底法兰螺栓并上提双管油管头；

⑥拆卸油管头底法兰连接螺栓，上提油管头四通。

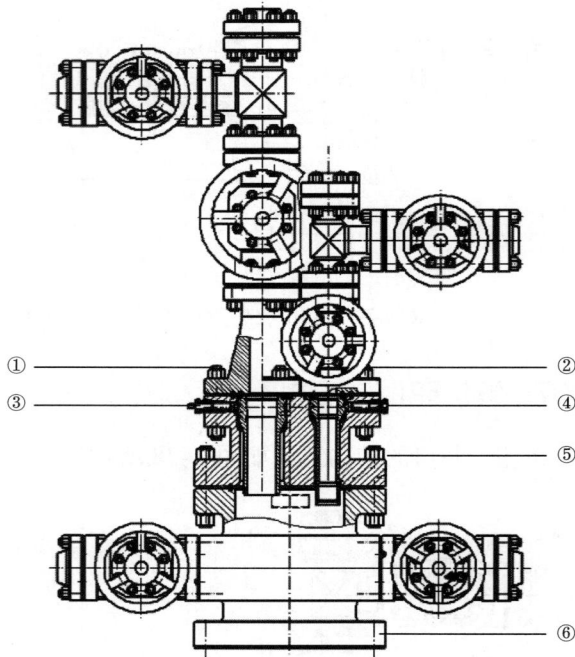

图 3-39　KRS14-337-79×52I 注汽井口拆卸过程图

（2）安装过程如图 3-40 所示。

①坐大四通，安装垫环，坐双管油管头，连接螺栓；

②下副管油管，坐主管油管悬挂器，上紧顶丝；

③下主管油管，坐主管油管悬挂器，上紧顶丝；

④分别安装副管和主管垫环，坐副管和主管采油树，上紧采油树与油管头法兰连接螺栓。

七、KRS14-337-79×52P 生产井口

KRS14-337-79×52P 生产井口的结构组成如图 3-41 所示。

KRS14-337-79×52P 采油井口与 KRS14-337-79×52I 注汽井口整体结构和油管悬挂方式完全相同，只是主管采油树的配置不同，因此其拆卸和安装方式与注汽井口相同。

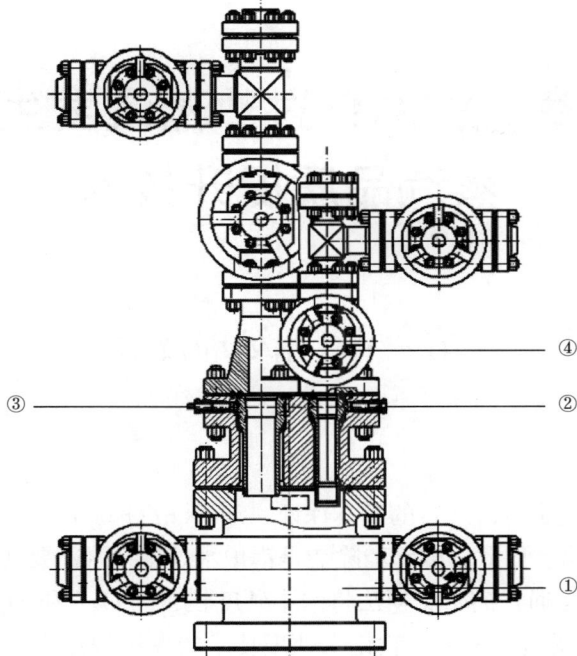

图 3-40　KRS14-337-79×52I 注汽井口安装过程图

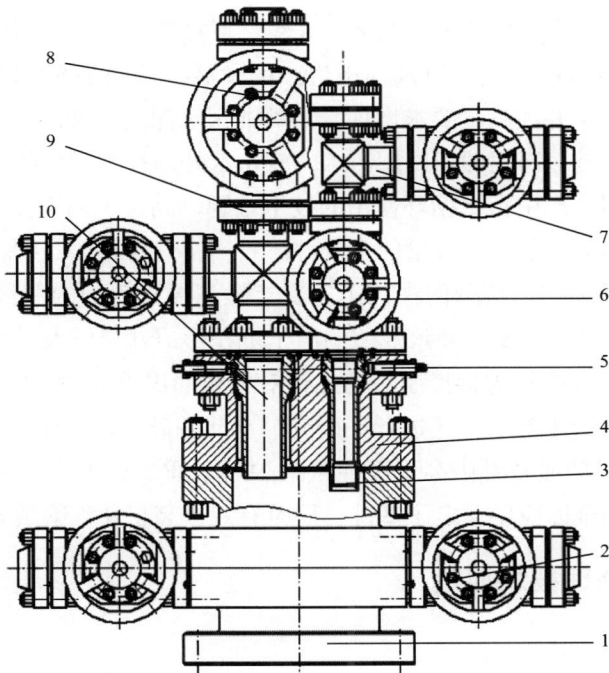

图 3-41　KRS14-337-79×52P 生产井口的结构组成图

1—油管头四通；2—套管闸阀；3—副油管挂；4—双管六通；5—顶丝锁紧机构；
6—异径闸阀；7—副管三通；8—主控闸阀；9—主管三通；10—主管悬挂器

第四章 SAGD 过热蒸汽发生器及蒸汽品质提升技术

第一节 水处理技术

一、简介

合格的水是锅炉安全经济运行的基本保证，油田注汽锅炉的工艺结构特点决定了对来水水质的要求极为严格。因此，软化和除盐是锅炉水处理技术需要解决的问题。

软化水处理技术是通过离子交换法将水中硬度较大的 Ca^{2+} 和 Mg^{2+} 除去，避免造成锅炉结垢。在新疆油田稠油开采中，软化水处理技术的发展根据生产要求的不同分为两个阶段。

初期及中期阶段，多为单台水处理装置供给单台锅炉用汽，且处理水为清水，因此 $10m^3/h$、$23m^3/h$ 等小型水处理装置在九区、红浅、百重等老区块得到广泛使用。

随着稠油开采技术的变化，以及油田生产的发展，特别是 SAGD 开发工艺技术在超稠油开采中的应用，单井注汽量要求增加，将稠油污水深度处理后就近回用于热采注汽锅炉已成为普遍趋势，针对高温油田回用污水的软化水处理技术设计的 $144m^3/h$、$216m^3/h$ 水处理装置解决了油田生产中污水循环使用的技术难题，满足了油田注汽需求，减少了油田污水对环境造成的污染，节约了大量的水资源。

此外，超稠油开采中，特殊的注汽工艺要求提高注汽锅炉的蒸汽出口干度达到 95% 以上至 100%。提高蒸汽干度将导致残留的离子沉积形成盐腐蚀及结垢，因此高蒸汽干度的场合，必须对残留含盐量进行控制。为此针对风城油田重 37 井区 SAGD 试验区锅炉用水处理工艺要求，对给水除盐工艺进行了研究，在此基础上进行了 $150m^3/h$ 反渗透水处理装置研制，满足了超稠油开发中高干度注汽锅炉对水质的要求，为 SAGD 技术在新疆油田超稠油开发领域的全面应用奠定了基础，同时有效提高了注汽锅炉安全运行指数。

二、软化水处理技术原理

（一）水垢的形成机理

进入锅炉的水若含有钙、镁的各种盐类，这些盐类在锅炉中因受热、分解、蒸发浓缩等化学、物理变化，当炉水达到一定浓度后，锅炉就会在和水接触的受热面生成一层固态附着物，即为水垢。

（二）水垢的形成过程

固态物质从过饱和炉水中析出，溶解于炉水的某种盐类有一定的溶解度，超过溶解极限，炉水就成为某种盐类的过饱和溶液，此时超过的这一部分，就从炉水中析出，其原因如下。

（1）水在锅炉中不断蒸发、浓缩，炉水的含盐量不断地升高。

（2）水温升高时，某些钙镁盐类如 $CaSO_4$、$Mg(OH)_2$、$Ca(OH)_2$ 在水中溶解度下降，达到过饱和状态后，在受热面受热最强的部位上结晶析出，逐渐形成水垢。

（3）某些钙镁盐类受热分解，生成难溶的沉淀物：

$$Ca(HCO_3)_2 = CaSO_4 \downarrow + CO_2 \uparrow + H_2O$$

$$Mg(HCO_3)_2 = MgSO_4 \downarrow + CO_2 \uparrow + H_2O$$

当炉水 pH 值较高时，会进一步水解成难溶的氢氧化镁沉淀物：

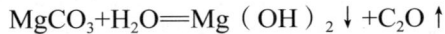

$$MgCO_3 + H_2O = Mg(OH)_2 \downarrow + C_2O \uparrow$$

（三）固态物质在受热面上的黏附

在产生蒸汽的过程中，水在受热壁上不断蒸发浓缩，沿壁面局部出现蒸干或汽泡，沉积的盐类就会残留在金属的表面，但当壁上的汽泡破裂或离开时，干结的盐由于与炉水接触，此时未饱和的盐重新溶解于水，而过饱和难溶的盐就黏附在受热面上。这一过程不断重复，附着在受热壁面上的盐越积越多。如果受热面金属表面粗糙不平，又为黏附沉积物创造条件。

（四）水垢的种类和性质

1. 水垢的种类

水垢的化学组成较复杂，通常都不是一种简单的化合物，而是以某种化学成分为主所组成。按其主要成分，可分为以下几种。

（1）碳酸盐水垢。以碳酸钙（$CaCO_3$）为主，含量占 50% 以上。这种水垢由于生成条件的不同，有的是硬垢，有的呈疏松泥渣状。如黏附在对流受热面上，常是硬垢。在锅炉本体受热面上由于炉水的剧烈沸腾，常呈泥垢状。

（2）硫酸盐水垢。主要成分是硫酸钙（$CaSO_4$），含量在 50% 以上。这种水垢坚硬致密，常沉积在锅炉内温度最高、蒸发率最大的受热面上。

（3）硅酸盐水垢。主要成分是硅的化合物（SiO_2），含量一般在 20%～25%。这种水垢最坚硬，导热性也最差。通常沉积在温度高、受热强度大的管壁上。

（4）混合水垢。这种水垢组成的成分混杂，没有一种主体成分，含有钙镁的硫酸盐、硅酸盐、碳酸盐及铁铝氧化物。其性质随成分不同而差异较大。

（5）含油水垢。给水硬度较小的水中混入油脂后，生成含油水垢。该水垢较疏松，但很难清除。

（6）铁垢。主要成分是铁的氧化物和氢氧化物，较坚硬，易清除。

判断水垢的种类和成分，对分析结垢原因和水垢的清除都是很重要的。但是实际上判断水垢并不简单，一般采用化学分析的方法来测定水垢的成分。

2. 水垢的物理性质

（1）导热性。水垢的导热性一般都很差。它与钢材相比，导热系数要小几十倍，因此受热面结水垢后，会严重地阻碍传热。不同的水垢因其组成、孔隙度等不同，导热系数也不相同。

（2）硬度。是衡量水垢软硬程度的指标。

（3）孔隙度。指水垢孔隙和缝隙占水垢体积的百分数。孔隙度大的水垢往往导热性很小。

3. 长垢的危害

（1）减少蒸发量，降低锅炉热效率，浪费燃料，水垢的存在就等于受热面上增加一层热阻。因为水垢的导热能力比钢材低很多，所以阻碍了热量的传递。使燃料燃烧放出的热量不能有效传递给水，水汽则得不到热量，烟气的热量随排烟而损失掉，因此锅炉出力降低，浪费燃料。

（2）引起金属受热而过热，损坏锅炉，缩短使用寿命。锅炉受热面上结垢，金属壁面冷却受到影响，导致温升高，使金属材料的机械强度降低，造成受热面变形、鼓包管等事故。损坏了锅炉，影响了使用寿命。

（3）破坏正常水的流通，被迫停炉检修，增加维修费用。锅炉水管结垢后，管内流通截面减少，增加水的流动阻力，严重时甚至完全堵塞。被迫停炉检修，浪费人力、物力资源。

（4）引起或促进锅炉的腐蚀。当锅炉受热面内壁结有水垢（尤其是铁垢、铜垢）时，会引起并加速垢下腐蚀。

总之，水垢对锅炉危害很大，使锅炉不能安全经济运行。为了防止在锅炉受热面产生水垢，须将水中的 Ca^{2+}、Mg^{2+} 除去。除去水中硬度较大的 Ca^{2+}、Mg^{2+} 的过程称为软化。

三、水质要求

系列软化水处理装置的技术参数中，为保证给水设备正常运行，充分发挥树脂交换能力，确保锅炉给水质量，对进口原水水质要求如下：

（1）原水混浊度小于 1 度（1mg/L）；

（2）含 Fe^{2+} 小于 10μg/L；

（3）Na^+、K^+ 离子浓度小于 70mg/L；

（4）总硬度小于 300mg/L；

（5）pH 值为 7～12；

（6）含油量小于 1mg/L；

（7）水中不得含 H_2S。

四、软化水处理装置技术参数

处理后水质标准依据注汽锅炉对水质的要求确定；工作压力依据油田注汽锅炉给水压力的要求确定；处理量依据配套注汽锅炉的额定蒸发量、单台供水或集中供水的建站模式进行确定。系列软化水处理装置具体技术参数见表 4-1。

表 4-1　系列水处理装置技术参数指标

参数		单位	型号						
			SCL-10	SCL-12	SCL-23	SCL-50	SCL-72	SCL-144	SCL-216
处理介质			清水、含油污水	清水、含油污水	清水、含油污水	清水、含油污水	清水、含油污水	清水、含油污水	清水、含油污水
处理水量		m³/h	10	12	23	50	72	144	216
工作压力		MPa	0.6	0.6	0.6	0.6	0.6	0.6	0.6
工作温度		℃	<60	<60	<60	<60	<60	<60	<80
一级罐内径		mm	$\phi800$	$\phi1000$	$\phi1200$	$\phi1200$	$\phi1600$	$\phi2200$	$\phi2200$
二级罐内径		mm	$\phi600$	$\phi600$	$\phi900$	$\phi900$	$\phi1200$	$\phi1600$	$\phi1600$
再生盐耗量		kg	80	95	145	180	320	640	640
流程形式			两组两级	两组两级	两组两级	三组两级	三组两级	三组两级	四组两级
控制方式			触摸屏控制						
一级罐树脂	体积	m³	0.502	0.785	1.131	1.13	2.01	3.801	3.801
	高度	mm	1000	1000	1000	1000	1000	1000	1000
二级罐树脂	体积	m³	0.283	0.283	0.636	0.636	1.13	2.01	2.01
	高度	mm	1000	1000	1000	800	1000	1000	1000
长×宽×高		mm×mm×mm	8000×3200×3500	8000×3200×3500	11750×3200×3790	10300×2600×3320	11750×3200×3790	单组800×7000×3630	单组800×7000×3630
装载形式			橇装野营房	橇装野营房	整体橇装	整体橇装	整体橇装	分组橇装	分组橇装

五、结构

系列软化水处理装置均采用两级处理结构，由两级罐（一级罐、二级罐）、三大系统（管路系统、电气仪表控制系统与进盐系统）及机泵设备等组成。按配套方式与制水量的不同，水处理装置分为分段组装式结构（144m³/h、216m³/h）、整体橇装结构（23m³/h、50m³/h、72m³/h）和野营房橇装结构（10m³/h、12m³/h）。

（一）分段组装式结构

制水量为 144m³/h 的水处理装置（SCL-144 型），其结构十分庞大，设备总重超过 30t，如果采用整体结构势必给制造、运输和现场安装带来很大的困难。在结构设计时采用了分段制造，每段不超过 12t，为分段运输和现场整体组装的分段快装式结构（图 4-1）。

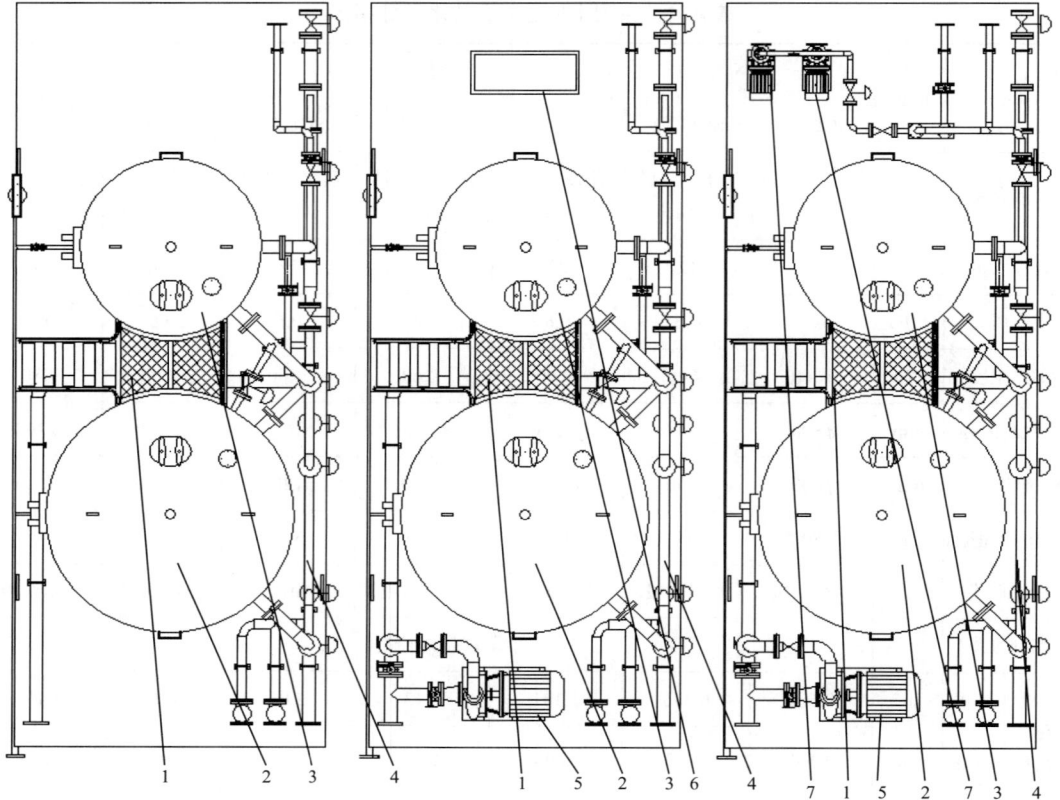

图 4-1　分段式组装结构

1—爬梯；2—一级软化罐；3—二级软化罐；4—外部工艺管线；5—反洗泵；6—配电柜；7—盐泵

这种结构的水处理装置由三组水处理装置组成，各组主要由一级罐、二级罐、外部工艺管线、电气控制系统、机泵、爬梯等组成，可实现两用一备。其结构如下。

（1）一级罐：一级罐（图 4-2）是水处理装置中主要进行离子交换的腔室，外壳是由钢板卷制而成的圆筒，圆筒上下组焊椭圆封头，内衬采用厚度为 5mm 的三油四布防腐层。底部封头装填大块鹅卵石或用水泥抹平，并安装有排污孔。进水管布置在最上层，水流向上，来水均匀分布在树脂层上，反洗时防止树脂冲入管线内。中部布置进盐管线，进盐管线钻均布小孔，外部裹不锈钢丝网，防止布盐不均。出水管线安装在罐体底部，防止树脂漏失的水帽安装在出水管线上。水帽安装在罐体下部，防止下部形成死水，有利于松动底部树脂，提高树脂总体利用率。罐顶部安装有放气阀，随时放散罐体内的气体。对于污水回用的罐，其顶部气体放散要安装外排出水处理间，防止少量 H_2S 气体聚集。一级罐罐体装填高度为1m，既保证一个周期内制水总量，又有利于反洗松床。所有内部管线安装必须牢固。此外罐体上还有人孔与手孔，以便以后进行内部维修。

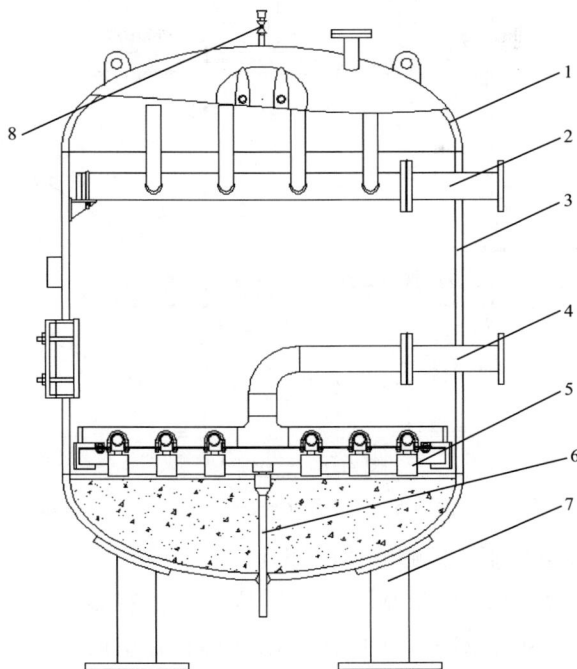

图4-2　一级水罐
1—封头；2—进水进盐管；3—筒节；4—出水管；5—水帽；6—排污管；7—支腿；8—放气阀

（2）二级罐：二级罐（图4-3）是水处理装置进行深度离子交换的腔室，在设计中一级出水不合格后就转入置换、再生过程，二级罐只是少量参与离子交换，参与正洗，没有反洗过程。其外壳是由钢板卷制而成的圆筒，圆筒上下组焊椭圆封头，内衬采用厚度为5mm的三油四布防腐层。底部封头装填大块鹅卵石或用水泥抹平，并安装有排污孔。进水布盐管布置在最上层，清水、盐水水流向上，均匀分布在树脂层上。出水管线安装在罐体底部，防止树脂漏失的水帽安装在出水管线上。水帽安装在罐体下部，防止下部形成死水，提高树脂总体利用率。罐顶部安装有放气阀，随时放散罐体内的气体。对于污水回用的罐，其顶部气体放散要安装外排出水处理间，防止少量H_2S气体聚集。二级罐罐体装填高度为1m。所有内部管线安装必须牢固。此外罐体上还有人孔与手孔，以便以后进行内部维修。

（3）外部系统管路：系统管路由管路阀件与管件构成，可实现正洗、进盐、反洗、运行等功能。系统管路上主要液动控制阀件均采用进口件。

（4）电气仪表控制系统：包括触摸屏、SLC工控机、控制柜、动力柜、气动电磁阀箱、气动控制管线、开关及线路。

（5）机泵：主要包括卧式单级泵（型号：KQW125/370-22/4 DN125）两台、反洗泵一台、单级卧式进盐用化工泵（型号：KQWH65-160 DN65）一台。

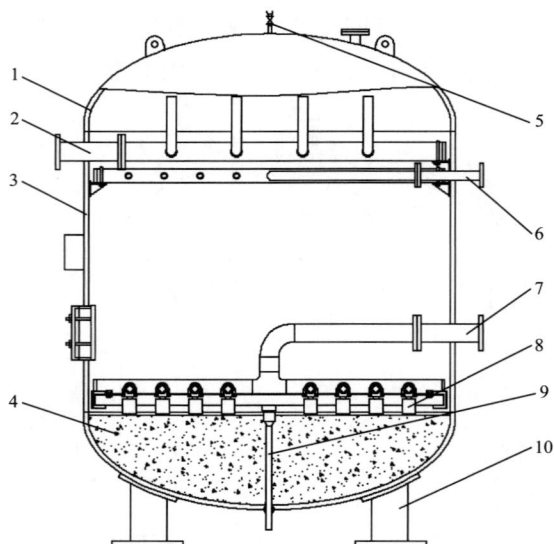

图 4-3 二级水罐

1—封头；2—进水管；3—筒节；4—水泥；5—放气阀；6—进盐管；7—盐泵；8—水帽；9—排污管；10—支腿

（6）爬梯：用于装填树脂，检修罐体内部。

对于 144m³/h 的水处理装置来说，由于进盐量大，在橇体上不设盐箱。制水量为 216m³/h 的水处理装置（SCL-216 型）由四组水处理装置组成，各组组成与 144m³/h 的水处理装置一样，可实现三用一备，在橇体上不设盐箱。

（二）整体橇装结构

制水量为 23m³/h、50m³/h、72m³/h 的水处理装置（SCL-23 型、SCL-50 型、SCL-72 型）总重不超过 25t，在结构设计时采用了整体橇装制造（SCL-72 型见图 4-4、SCL-50 型见图 4-5），不仅满足工厂内制造要求，还可以实现整体快捷吊装和移动。SCL-72 型 72m³/h 水处理装置由三组水处理装置组成，可实现两用一备。SCL-50 型 50m³/h 水处理装置由三组水处理装置组成，也可实现两用一备。SCL-23 型 23m³/h 水处理装置由两组水处理装置组成，可实现一用一备。

整体橇装结构型水处理装置各组均由一级罐、二级罐、外部工艺管线、电气控制系统、机泵、爬梯等组成。其一级罐、二级罐结构特点与分段组装式特点基本相同，整体橇装结构型水处理装置盐箱布置在橇上。

（三）野营房橇装结构

10m³/h 水处理装置与 12m³/h 水处理装置分别专为 9.2t/h、11.2t/h 移动式注汽锅炉配套，整个水处理系统集成在橇座上，并配套设计与橇座一体的房体，通过结构和连接形式优化，方便装置的整体组装、拆迁；综合考虑适用性和处理间内的合理布局，使整体尺寸更合理，结构紧凑，在较小的空间内实现了较多功能。

该结构型水处理主体部分由两组两级钠离子交换器组成，包括一级罐、二级罐、盐水箱、系统管路、电控系统与配电柜，安装设备有供水泵、空气压缩机与盐泵，并配有自动控制及流量监测仪表。房体为保温结构野营房，配备取暖设备，保证其在天气寒冷地区的使用。

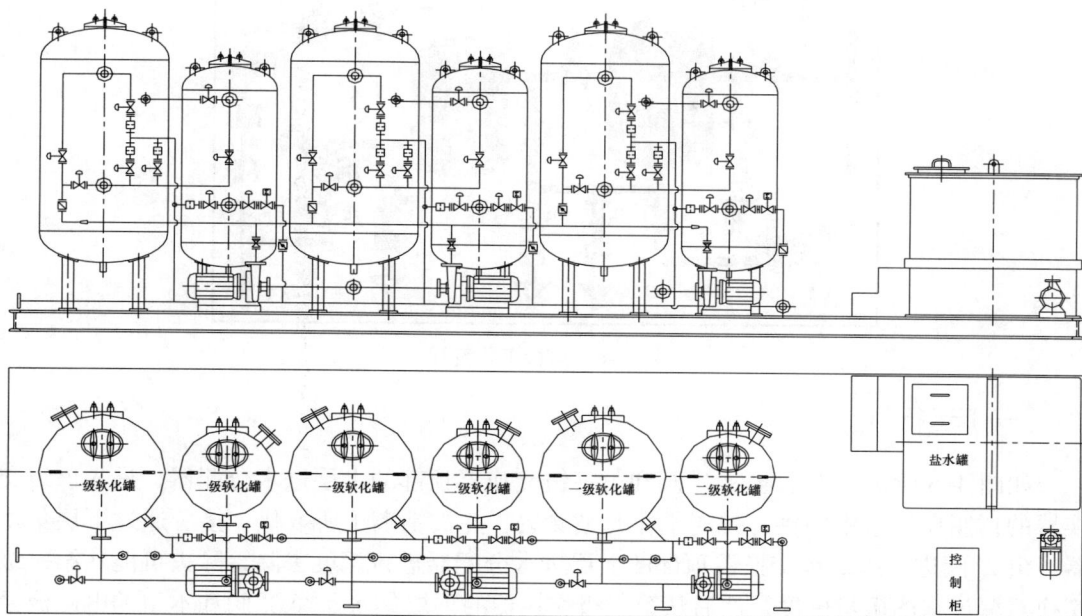

图 4-4　72m³/h 水处理装置

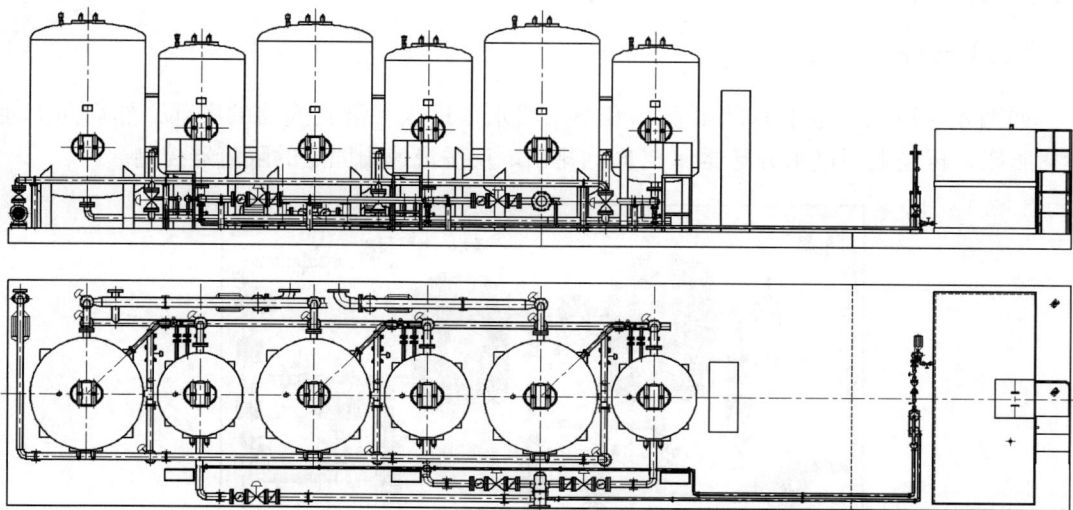

图 4-5　50m³/h 水处理装置

六、工艺流程

水处理装置采用两组或三组二级钠离子交换系统，为确保出水硬度达标，每组钠离子交换系统的制水量按照第一级罐内钠离子交换剂的量来计算。单组两级的水处理系统

（图4-6）其工作过程分为运行、反洗、进盐、置换、一次正洗、二次正洗六个步骤。对于多组两级的水处理系统其运行过程是上述六个步骤的组合。

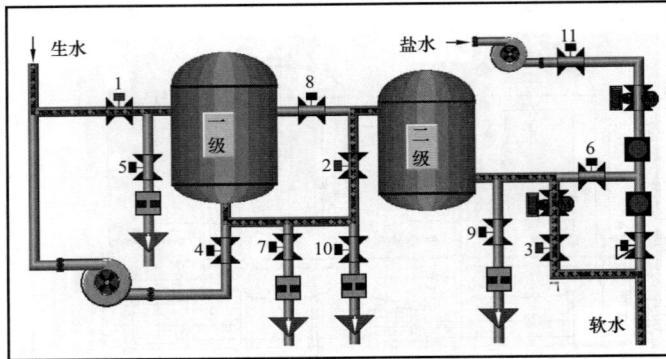

图4-6　运行工艺流程

（一）运行

如图4-6所示，生水通过1#阀和第一级交换器顶部的上层进水分配器，进入该组交换器的树脂床，水中的钙、镁离子在此被除去，并被钠离子所取代；接着通过下层集水器，由2#阀进入第二级交换器顶部的上层进水分配器进行深度去除，除去可能从第一级交换器漏过来的微量硬度，然后从第二级交换器的下层集水器经3#阀和本组的电磁流量计流出。当软水量达到预定的制水量时，控制系统发出再生信号，该组系统退出运行状态，进入再生状态。再生的第一步为反洗。

（二）反洗

如图4-7所示，生水通过4#阀门和下层集水器进入一级交换器的底部，然后向上通过树脂床，再经上层进水分配器和5#阀门排出。反洗流速由固定的限流器控制。

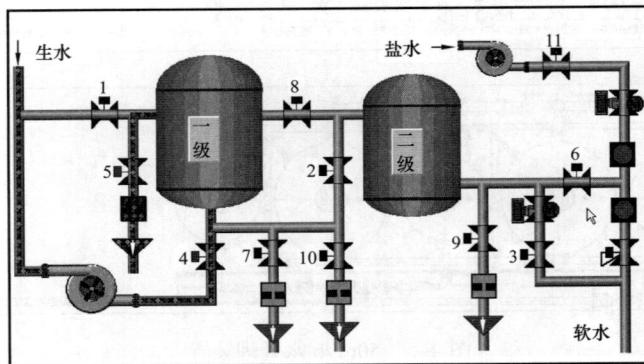

图4-7　反洗工艺流程

（三）进盐

如图4-8所示，泵从盐水箱中抽出的浓盐水经11#阀和盐水流量计，与从另一组水处理系统来的软水配成10%的稀盐水，通过6#阀和下层集水器进入二级交换器的底部，向上流过二级交换器的树脂床，用钠离子置换钙、镁离子，使树脂还原到原来的钠型。盐水接着流过 8# 阀，通过一级交换器的进盐装置，然后向下流过树脂床，置换钙、镁离子，使树脂还原为钠型，废水则从一级交换器下层集水器流出，并通过 10# 阀排出。盐水流速由排放管道上的一只固定限流器控制。

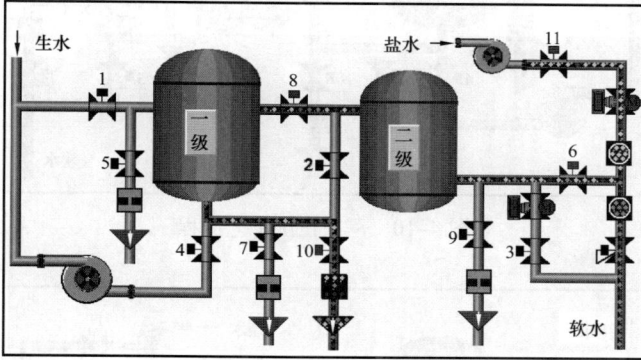

图 4-8　进盐工艺流程

（四）置换

如图 4-9 所示，当预定的所有盐水全部被泵送入罐后，盐水流量计发出信号，使盐水泵停止工作，11# 阀随之关闭。遵循与进盐完全相同的路线流过交换器，用水将盐水排出交换器外。置换的流速与进盐时一致，以排放液的盐水浓度为 2% 时为合格，时间一般为 20～30min。

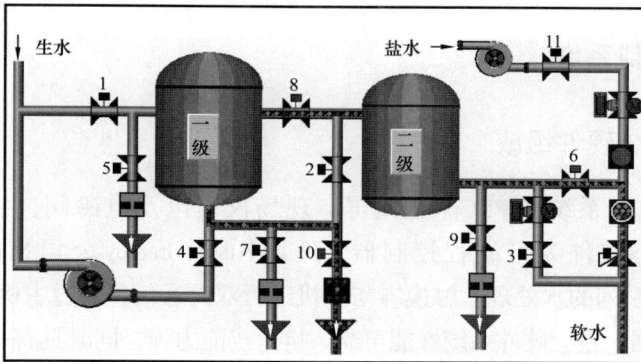

图 4-9　置换工艺流程

（五）一级正洗

如图 4-10 所示，一级正洗的目的在于将残留在交换器中的少量盐水冲洗排出，生水经 1# 阀进入一级罐的顶部向下流过树脂床后，通过下集水器和 7# 阀流出。

（六）二级正洗

如图 4-11 所示，一次正洗结束后，7# 阀关闭，冲洗水通过 2# 阀进入二级罐顶部，经上层进水分配器，向下通过树脂床，流出下层集水器，并通过 9# 阀排出。

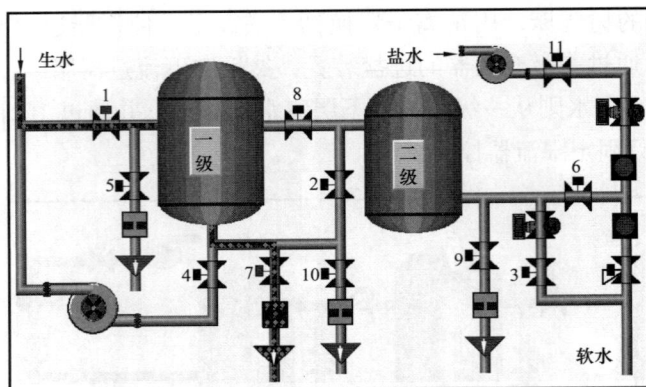

图 4–10　一次正洗工艺流程

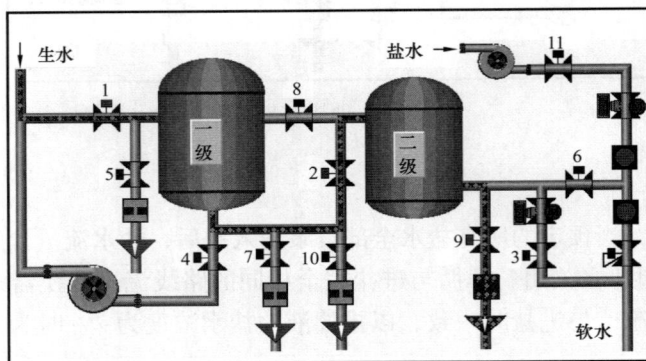

图 4–11　二次正洗工艺流程

七、电气控制系统

（一）控制系统硬件组成

水处理电气控制系统由 PLC、触摸屏、现场仪表以及电磁阀、泵电动机构成，如图 4–12 所示。核心部件为可编程控制器，选用 Allen–Bradley 公司 Micrologix 的 1200 款、1400 款以对应不同系列的水处理。触摸屏与主机进行双向通信，通过主机自带以太网口，向中控室传送实时数据。整套硬件系统性能可靠，抗干扰能力强，同时具有一定的冗余通道。

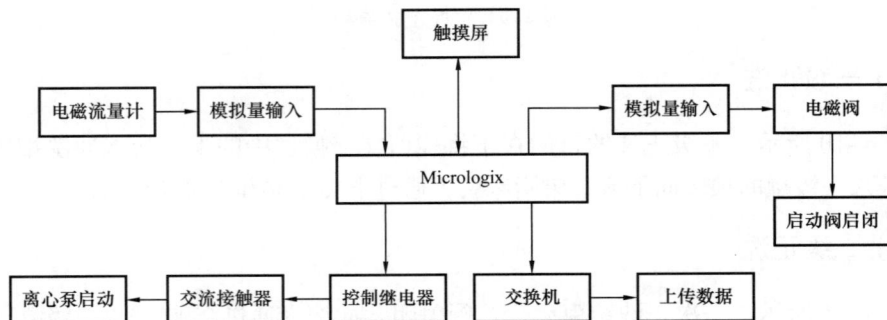

图 4–12　水处理电气控制系统

（二）控制系统的功能

系列化水处理装置的控制系统程序部分采用 Allen-Bradley 公司的 Rslogix500 软件完成，触摸屏监控画面开发软件采用 Allen-Bradley 公司的 Factory talk view studio 软件。

控制系统的工作原理是通过采集到的流量信号，经过计算，程序控制电磁阀的通断，从而驱动每一个气动阀。当电磁阀得电时，该回路中的空气压力释放，气动阀打开；当电磁阀失电时，空气压力接入，气动阀关闭，从而完成对应工艺流程的转换。

系统通过触摸屏与用户交换信息，盐水、软水流量、周期制水量、运行时间、再生参数、报警记录以及工艺流程、用户预设数据直观地显示在触摸屏上。如图 4-13 所示，系统可自动运行，也可由用户随时切入进行手动控制。

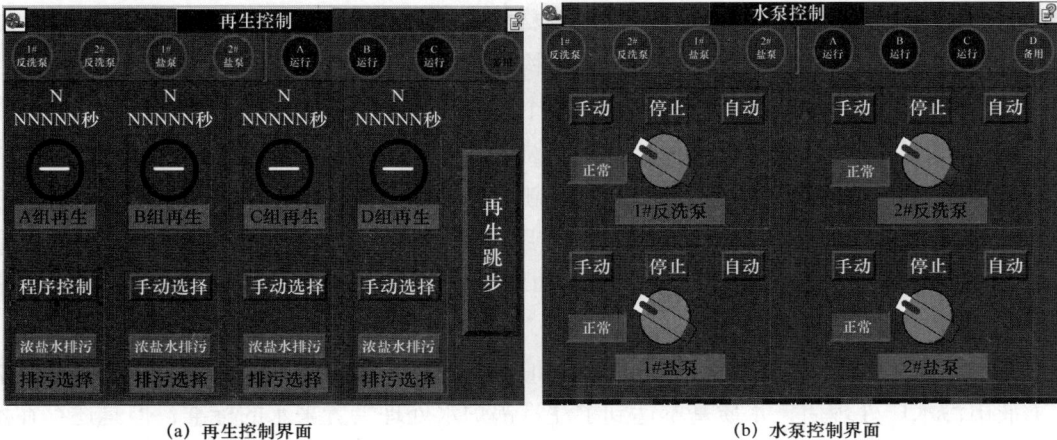

(a) 再生控制界面　　　　　　　　　(b) 水泵控制界面

图 4-13　触摸屏控制界面

八、软化水处理关键技术

（1）连续大排量出水。对于处理量 $50m^3/h$、$72m^3/h$、$144m^3/h$、$216m^3/h$ 的水处理装置，通过大量数据查询和计算，根据树脂的交换容量、反应时间要求、再生要求等特性，总结出树脂罐装填量、再生方式与制水量的关系，设计了和大水量工艺流程相适应的罐体结构，保证了制水质量，满足锅炉用水要求。

（2）防止正反洗工艺抢水。工艺流程中反洗可以松动树脂床，防止其板结。但是水处理装置的反洗泵启动后，由于其排量大，形成抢水现象，对运行造成较大的压降。若降低反洗的排量，会造成反洗水量不足，不能彻底松动罐体内的树脂层，局部树脂床板结，造成浸盐水置换时不完全，降低制水量。时间久了，树脂床进一步板结，制水量会逐渐减少。后来采用了单独设置反洗泵的方法，调整反洗流程，直接从主管线上取水，安装限流器、气动阀控制反洗流量和时间，解决以上问题。

（3）适合 $144m^3/h$、$216m^3/h$ 大吨位水处理装置吊装的结构设计。由于 $144m^3/h$、$216m^3/h$ 的水处理装置体积庞大，总重量超过 30t，如何吊装拉运搬迁和现场组装是需要解决的问题。采用分段制造（一级罐与二级罐组配成一段，配齐本段工艺管线），分段拉运，现场组装的总体设计方案，使这一问题得到了解决。

（4）控制系统研制。近年来，在自动化控制领域内，集成化、网络化、信息化的人机对话界面模式已越来越成为一种趋势。根据国内外自动化的发展方向及目前可编程控制器的技术发展水平，选用了在系统配置方面有很大灵活性的模块化可编程控制器与触摸显示屏相结合的控制方式，通过在显示屏上触摸相应操作命令，实现控制。与原有控制系统相比，省去了大量开关，整个柜体外表非常简单，操作简便。该控制系统通过累计水流量的监控，控制气动电磁阀的动作，达到控制液动阀的开启与关闭，实现再生自动切换。同时控制系统配置了数据上传模块，实现生产数据实时上传显示。此外，配备各组管路系统控制手阀，以防控制系统失灵时实现手动开启与关闭各系统管路。

（5）移动车载 9.2t/h、11.2t/h 注汽锅炉软化水处理装置配套设计。对于在远离水处理集中供应站区使用的移动车载锅炉来说，需要配套能独立供水的 10m³/h、12m³/h 软化水处理装置，设计制造可单独使用、具有保温结构野营房的橇装水处理间是关键。经过对适用性和处理间内的合理布局的综合考虑，将整个水处理系统集成在橇座上，并设计与橇座一体的房体，通过结构和连接形式优化，方便装置的整体组装、拆迁，整体尺寸更合理，结构紧凑，在较小的空间内实现了较多功能。新疆是高纬度地区，冬季严寒，如何保证这两种软化水处理装置在冬季正常运行是一个问题。通过对冬季运行存在的问题进行了分析、讨论，采用房体内部墙体加盖保温层、增加取暖设施等措施，解决了 10m³/h、12m³/h 软化水处理装置冬季运行问题。

（6）解决了油田处理污水回用的问题。油田处理污水是在采油过程中的采出水，它通过了油田污水厂处理后，水质基本达到了注汽锅炉水处理装置来水的标准，但是还存在水温较高（达到 60℃）、含有微量 H_2S 气体与油、含盐量较高等问题。通过论证，以及与树脂厂家的沟通，选择耐温、耐油、耐盐的树脂，保证树脂在实现离子交换的同时，树脂的机械强度、含水率、溶胀性、孔隙度与表面积等物理指标不变。针对来水温度高的问题，对选用的阀件内衬提高了采购标准，对罐体的内防腐层改进了施工工艺，外部工艺管线也由原有的 ABS 管更换成不锈钢管路。通过以上改进，克服了油田处理污水存在的问题，保证了油田处理污水在注汽锅炉上的使用。

九、反渗透水处理技术

（一）基本原理

反渗透技术是 1960 年美国加利福尼亚大学的洛布（Loeb）与素里拉简（Sourirtajan）发明的一项高新膜分离技术，其孔径很小，大都不大于 10×10^{-10}m（10Å），它能去除滤液中的离子范围和分子量很小的有机物，如细菌、病毒、热源等。已广泛用于海水或苦咸水淡化、电子或医药用纯水、饮用蒸馏水、太空水的生产，还应用于生物、医学工程。

反渗透亦称逆渗透（RO），是用一定的压力使溶液中的溶剂通过反渗透膜（或称半透膜）分离出来。因为它和自然渗透的方向相反，故称反渗透。根据各种物料的不同渗透压，就可以使大于渗透压的反渗透法达到分离、提取、纯化和浓缩的目的（图 4-14）。

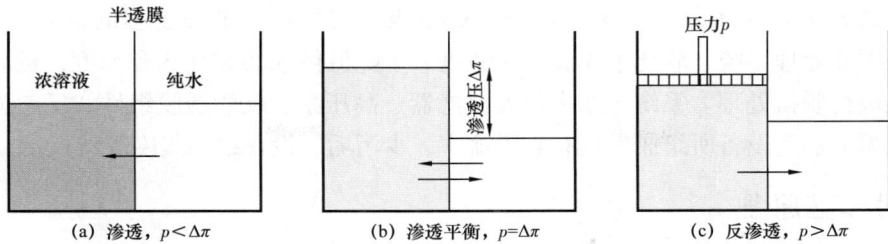

图 4-14 反渗透原理图示

渗透现象在自然界是常见的，比如将一根黄瓜放入盐水中，黄瓜就会因失水而变小。黄瓜中的水分子进入盐水溶液的过程就是渗透过程。如图 4-14 所示，如果用一个只有水分子才能透过的薄膜将一个水池隔断成两部分，在隔膜两边分别注入纯水和盐水到同一高度，过一段时间就可以发现纯水液面降低了，而盐水的液面升高了。把水分子透过这个隔膜迁移到盐水中的现象叫作渗透现象。盐水液面升高不是无止境的，到了一定高度就会达到一个平衡点。这时隔膜两端液面差所代表的压力被称为渗透压。渗透压的大小与盐水的浓度直接相关。

在以上装置达到平衡后，如果在盐水端液面上施加一定压力，此时，水分子就会由盐水端向纯水端迁移。液剂分子在压力作用下由浓溶液向稀溶液迁移的过程这一现象被称为反渗透现象。如果将盐水加入以上设施的一端，并在该端施加超过该盐水渗透压的压力，就可以在另一端得到纯水，这就是反渗透净水的原理。

反渗透设施生产纯水的关键有两个，一是一个有选择性的膜，称之为半透膜，二是一定的压力。简单地说，反渗透半透膜上有众多的孔，这些孔的大小与水分子的大小相当，由于细菌、病毒、大部分有机污染物和水合离子均比水分子大得多，因此不能透过反渗透半透膜，从而与透过反渗透膜的水相分离。在水中众多种杂质中，溶解性盐类是最难清除的。因此，经常根据除盐率的高低来确定反渗透的净水效果。反渗透除盐率的高低主要决定于反渗透半透膜的选择性。目前，较高选择性的反渗透膜元件除盐率可以高达 99.7%。

反渗透主要去除水中溶解盐类、有机物、二氧化硅胶体、大分子物质及预处理未去除的颗粒物等。

（二）简易流程

简易流程图如图 4-15 所示。

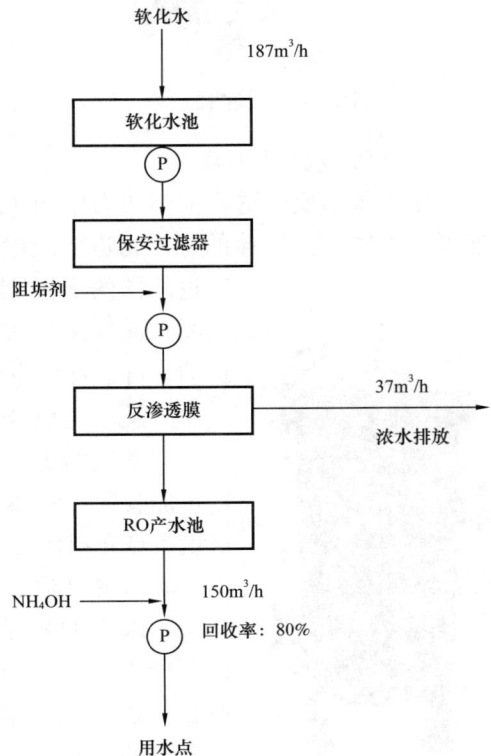

图 4-15　简易流程图

反渗透水处理装置是新疆油田风城 SAGD 重大实验项目地面工程的重要组成部分，分为两段主要处理系统，软化水先经过超滤进一步降低供水的 SDI15 和浊度，然后进入反渗透系统进行脱盐处理。系统主要由保安过滤器、高压泵、反渗透膜组件、反渗透膜清洗设备、阻垢剂加药设备所组成，具有高脱盐率、少污垢、设备结构紧凑等特点。

（三）工艺原理

1. 板式热交换器

板式换热器是通过传热板片换热的（图 4-16）。冷热流体分别在板片的两侧流过进行传热。传热板片由 0.5~3mm 的金属薄板压制成型，材质有不锈钢、黄铜或铝合金等。为增强刚度、避免变形，一般将板片压成波纹形。加热源为油田废弃的 75℃热水，被加热源由 19℃提升至 25℃，加热源由 75℃降至 60℃，采用对流加热的方式（图 4-17）。

图 4-16　换热器

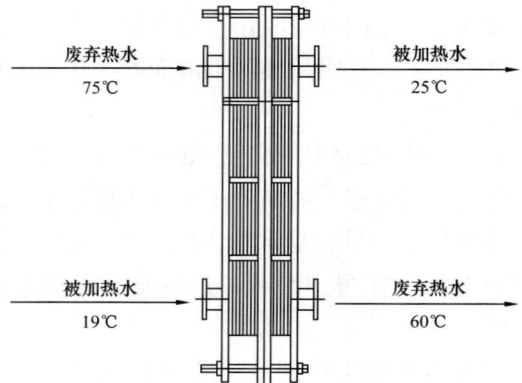

图 4-17　热交换参数

2. 反渗透膜增压泵

用于供给反渗透膜前的压力增加，反渗透膜前端必须加设过滤精度为 5μm 的保安过滤器，以防止大颗粒的悬浮物进入反渗透膜系统，在反渗透膜表面造成机械划伤，而保安过滤器的承压能力较低，因此一般在保安过滤器前加设增压泵来使原水透过保安滤芯。增压泵的运行由软化水池的液位控制器控制，自动运行，自动停止。

3. 反渗透膜分离系统

本系统的主要作用是把预处理的水进行膜分离脱盐，包括阻垢剂投加装置、5μ 保安过滤器、高压泵、反渗透本体装置、清洗系统。这里重点介绍保安过滤器和反渗透本体部分。

4. 保安过滤器

原水中的悬浮颗粒经过预处理设备仍残留一些细小颗粒，而且预处理设备经过长期运行和反冲洗的水力摩擦会产生一些悬浮颗粒。这些杂质颗粒随着进水直接进入反渗透设备，长期下来，会造成膜的堵塞。故设置保安过滤器，起到保护反渗透膜的作用（图 4-18）。

图 4-18　保安过滤器

5.反渗透装置

反渗透装置是本系统中最主要的脱盐装置，经过预处理后合格的原水进入置于压力容器内的膜组件，水分子通过膜层，经收集管道集中后，通往产水管再注入中间水箱。反之不能通过的就经由另一组收集管道集中后通往浓水排放管，排出系统之外。系统的进水、产水和浓水管道上都装有一系列的控制阀门、监控仪表及程控监视操作系统，它们将保证设备能长期保质、保量地系统化运行（图4-19）。

图4-19 反渗透装置

6.产水池

用于收集反渗透膜的产水，内设超音波液位变送器，供水泵由液位变送器控制，自动运行，自动停止。

第二节 SAGD蒸汽发生器

一、简介

油田注汽锅炉（蒸汽发生器）是稠油热采的专用设备，属油田专用A级直流锅炉，其产生的高温、高压蒸汽注入油井加热原油，降低稠油的黏度，改善稠油的流动性，大幅度提高稠油的采收率。该设备最早是由美国根据稠油的开采特性而开发生产的，随后日本、加拿大、委内瑞拉根据各自的生产特点和技术水平，先后研制开发生产出具有本国特点的注汽油田锅炉，油田注汽锅炉主要使用的是额定蒸发量为9~80t/h，压力范围为6~21MPa的直流蒸汽锅炉，使用液态与气态的燃料。其中俄罗斯、美国、加拿大、委内瑞拉生产的油田注汽锅炉规模比较庞大，对锅炉的发展起到了重要作用，其各国的额定技术参数基本相近，没有较大的差别，生产蒸汽的干度为80%。

我国从引进到2020年已有40余年的发展历史。尤其在新疆、辽河、胜利三大油区发展比较快，特别是 20 世纪 80 年代以来蒸汽吞吐取得了长足的进展。随着风城超稠油、特超稠油的开采深入，SAGD 工艺技术得到了广泛使用，该工艺技术要求油田注汽锅炉出口蒸汽为高干度，到达井底的蒸汽干度高（85% 以上）。但传统的注汽锅炉蒸汽出口干度只能达到 75%～80%，加之蒸汽到达井底过程中的沿程热损失，致使实际到达井底的蒸汽干度还不足 60%，已经不能满足 SAGD 开发工艺要求，因此，要求锅炉的蒸汽出口干度至少大于 95%。

为配合该地区使用 SAGD 开采工艺技术，2008 年年初，新疆石油管理局机械制造总公司设计制造了 YZG–22.5/14–G1、YZG–50/14–G1 两种型号的高干度油田注汽锅炉，该锅炉蒸汽出口干度达 95%，到达井底后干度仍达 75% 以上，该锅炉各项技术参数完全满足超稠油热采工艺要求。

YZG–22.5/14–G1 高干度油田注汽锅炉的特点：

（1）蒸汽干度达 95% 的高干度锅炉在国内属首创；

（2）对流段采用金字塔形，可增加烟气流速，提高换热效率；

（3）首次在受热面中加装对流蒸发段，经对流换热后，蒸汽出口干度达 95%；

（4）复合式保温结构极大降低了炉体散热损失，并提高了设备热效率；

（5）采用旋风分离装置 + 干度在线检测装置，极大地提高了测量精度，保证了锅炉的整体运行。

YZG–50/14–G1 高干度油田注汽锅炉特点：

（1）50t/h 大吨位高干度锅炉在国内属首创，其干度达 95%；

（2）锅炉整体采用双泵、双流程型式，避免了大吨位锅炉热负荷偏流现象发生；

（3）对流段采用分体式结构，不但便于整体吊装，而且制作简单，其中二次对流段呈金字塔形，可增加烟气流速，提高换热效率，降低积灰倾向；

（4）复合式保温结构极大降低了炉体散热损失，并提高了设备热效率；

（5）首次在受热面中加装对流蒸发段，并安装在过渡烟道与二次对流段之间，经对流换热后，出口干度达 95%；

（6）采用旋风分离装置 + 干度在线检测装置，极大地提高了测量精度，保证了锅炉的整体运行。

随着超稠油的大规模开发，由于对高干度蒸汽的需求增大及油田净化污水回用，以无盐水为给水的高干度油田注汽锅炉，其水处理的成本高，无法适应 SAGD 工艺的需求。

在蒸汽干度 95% 的基础上，进一步提高锅炉蒸汽出口品质，回用净化污水。2009 年，新疆油田工程技术公司设计制造了 YZG20–14/360–G、YZG22.5–14/360–G 两种型号的油田过热注汽锅炉，将稠油开采用蒸汽由湿饱和蒸汽提升至过热蒸汽。

YZG20–14/360–G、YZG22.5–14/360–G 型油田过热注汽锅炉主要技术参数见表 4–2。

油田过热注汽锅炉的特点：

（1）"汽水分离 + 过热 + 掺混"一体化技术，属国内首创，实现了在使用油田净化污水情况下，将锅炉出口蒸汽干度提高到 100% 甚至过热；

（2）自主研发的立式高效汽水分离器，使分离出的蒸汽干度达到 99.9% 以上；

表 4–2　油田过热注汽锅炉主要技术参数

额定蒸发量，t/h	20，22.5
额定工作压力，MPa	14
设计给水温度，℃	10～150
设计蒸汽温度，℃	360（过热度 3～23℃）
设计蒸汽干度，%	100
锅炉热效率，%	≥92
燃料	天然气
控制方式	触摸屏控制，自动安全报警停炉
装载方式	分段快装橇装
水质要求	清水或油田回用污水

（3）双层复合金属材料夹套结构的汽水掺混装置设计，有效防止汽、水掺混过程中因温度变化而产生疲劳破坏；

（4）过热段设置在锅炉本体烟气通道内，分离器、掺混器橇装一体化新型工艺结构设计，使高干度锅炉结构更紧凑；

（5）自主研发的锅炉控制系统，采用一键启动模式全自动运行控制，包括蒸汽干度自动控制、蒸汽饱和状态到过热状态的自动切换、分离器液位的自动控制、过热器的反冲洗控制、掺混系统的控制等，可实现锅炉从点炉启动到锅炉出口最终产生过热蒸汽的全过程实现全自动切换及全自动运行，无需人工干预；

（6）有效利用锅炉烟气余热进行加热，不仅有效改善锅炉冬季运行的燃烧工况，而且降低锅炉排烟温度，提高锅炉整体热效率。

YZG22.5–14/360–G 型油田过热注汽锅炉如图 4–20 所示，是卧式强制循环直流锅炉，专门针对 SAGD 开发工艺技术的特殊要求而设计的。与传统的注汽锅炉相比，该型锅炉蒸汽出口过热度为 2～23℃，适用于注汽压力在 14MPa 以下的超稠油区块开发。该型锅炉充分考虑了冬季室外运行的防冻、停炉排水等问题，具有现场安装简单、锅炉管束和耐火绝热层维修方便、运行操作方便等优点。控制系统采用新型触摸屏控制系统，具有强大的控制和通信功能。

二、原理

锅炉工艺系统包括：水汽系统、燃气及引燃系统、烟气系统、空气系统、蒸汽取样系统、蒸汽流量测量系统、蒸汽分离及掺混系统、控制系统等。

（一）水汽系统

从油田水处理装置来的合格软化水，进入给水泵升至工作压力后，经孔板流量计、单向阀、截止阀后进入水—水换热器外管，与对流段出来的热水换热后，温度（90～120℃）升高到露点温度以上，然后进入对流段。对流段入口水温可用旁路阀门来进行调节。水在对流段中经高温烟气对流换热（吸收约 40% 的热量），再进入水—水换热器内管，与锅炉给水换热后进入辐射段（吸收约 50% 的热量）继续加热蒸发，使其转变为干度为 80% 的高温高压湿饱和蒸汽。进入汽水分离器，由于汽和水存在的重度差，干蒸汽在汽水分离器内螺旋上升并形成汽柱，而饱和含盐水则旋转下降，从而实现汽水分离。分离出来的干饱和蒸汽在额定工作条件下流量为 22.5t/h，温度为 340℃，进入过热器，过热器烟气侧烟温可达 928℃，干饱和蒸汽被加热为过热蒸汽，过热器出口蒸汽温度可达 456℃，工作压力为 14MPa，经长颈喷嘴，测量过热蒸汽流量，进入喷水掺混器，过热蒸汽与汽水分离器出来的高温饱和水进行混合，混合过程中，饱和水被汽化，过热蒸汽的温度降低，经单向阀、截止阀后，进入注汽管网的过热蒸汽温度为 360℃，工作压力为 14MPa。

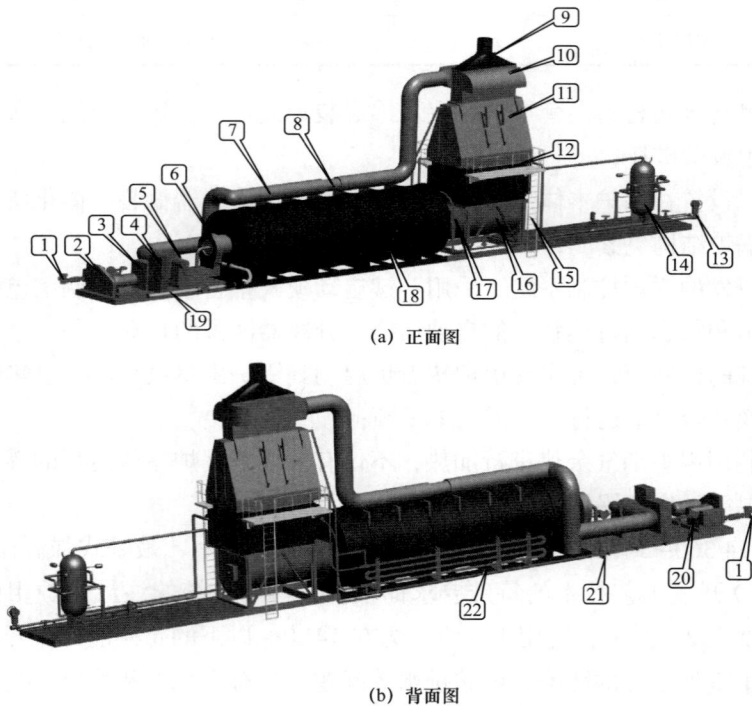

(a) 正面图

(b) 背面图

图 4-20 油田过热注汽锅炉简图

1—泵进口管路；2—给水泵；3—风冷型冷水机；4—电气控制柜；5—鼓风机；6—燃烧器；7—风道；
8—高温轴流风机；9—烟囱；10—空气预热器；11—对流段；12—过热段；13—注汽阀门；
14—汽水分离掺混系统；15—爬梯；16—过渡段；17—辐射段出口管路；18—辐射段；
19—天然气管路；20—泵出口管路；21—孔板流量计；22—水—水热换热器

给水泵是油田注汽锅炉给水的动力源，是保证油田注汽锅炉水压和流量的关键设备。从油田水处理而来的软化水进入给水泵升压至工作压力，在泵前安装入口减振器，保证锅炉入口水的稳定供应，防止泵抽空，形成气穴引起振动。在泵出口装有出口减振器保证出口水的压力平稳，泵出口安全阀用于管路憋堵超压时保护给水泵。饱和蒸汽进入辐射段汽水分离器分离出的水样，经过滤器、取样冷却器冷却过滤降温后，用以干度取样分析检测；干度检测实现手动和自动在线检测。干度自动在线检测系统滞后显示辐射段出口蒸汽干度，不参与燃烧器负荷控制。在过热蒸汽出口管路上安装有两只安全阀，保护水汽系统管路安全运行。在蒸汽出口截止阀前还设置有放空阀和放空管汇，以备正常停炉或事故紧急时停炉排空。图4-21为油田过热注汽锅炉流程。

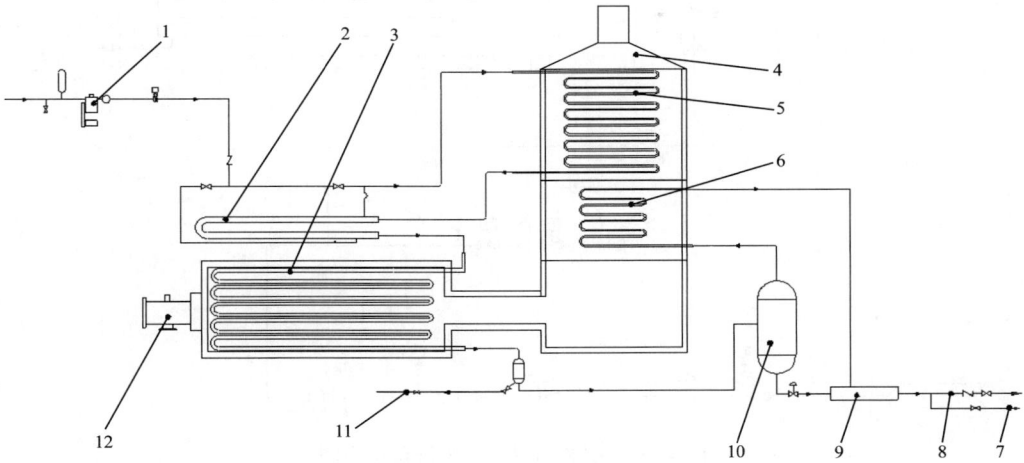

图4-21　油田过热注汽锅炉流程图

1—给水泵；2—水—水热交换器；3—辐射段；4—烟筒及过渡管；5—对流段；6—过热段；
7—排放管路；8—注汽管线；9—掺混器；10—汽水分离器；11—取样管路；12—燃烧器

（二）燃气与引燃系统

压力为 0.10~0.245MPa 的天然气分两路，一路是主燃气管路，当天然气通过截止阀、电动阀和压力调节阀后，调整至规定压力，再进入膨胀管，经蝶阀进入燃烧器。在停炉时，两个电动阀迅速关闭，放空电磁阀打开排气。另一路是引燃系统，天然气经截止阀进入引燃压力调节阀，压力初步降低，再经两个电磁阀进入调节器，进一步将压力降低至规定压力后，送入点火嘴，由高压火花塞点燃后，引燃主火焰。图4-22为引燃与燃气系统流程。图4-23为燃气管路系统。

（三）烟气系统

燃气经燃气系统进入燃烧器燃烧，在辐射段产生高温烟气，依次流经过渡段、过热段、对流段、空气预热器，最后经烟囱排放到大气。

（四）空气系统

冷空气进入管壳式空气预热器，经烟气加热为热空气，依次流经风道、轴流风机、风道、调节风门、鼓风机，最后到燃烧器与燃气混合燃烧。如果热空气温度超过45℃，需开动调节风门开度，与冷空气掺混到15~40℃，进入鼓风机。

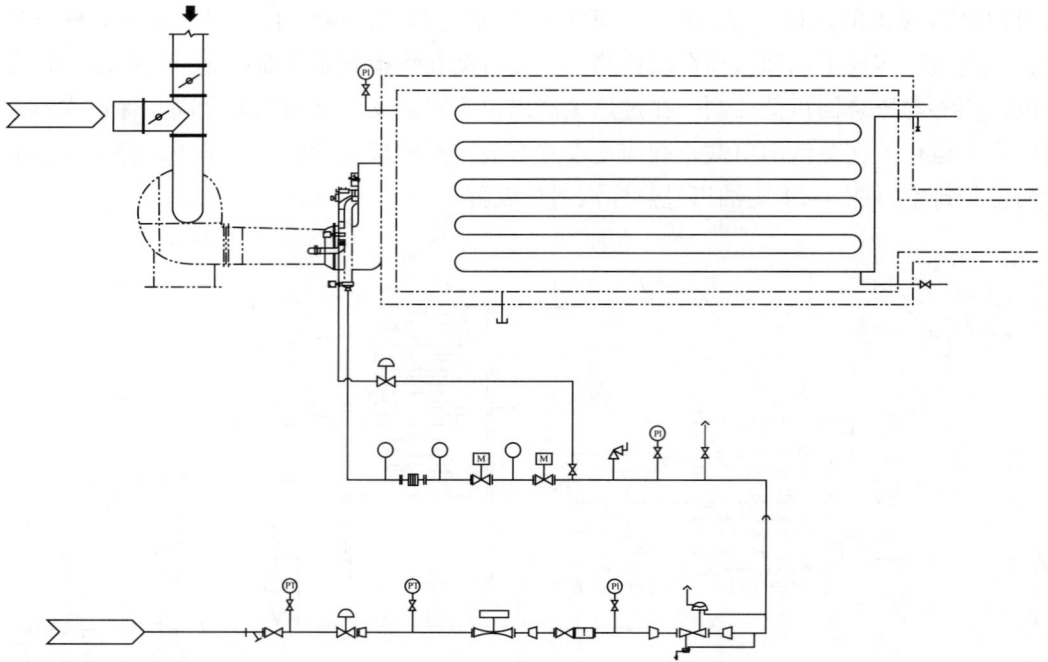

图 4-22　引燃与燃气系统流程示意图

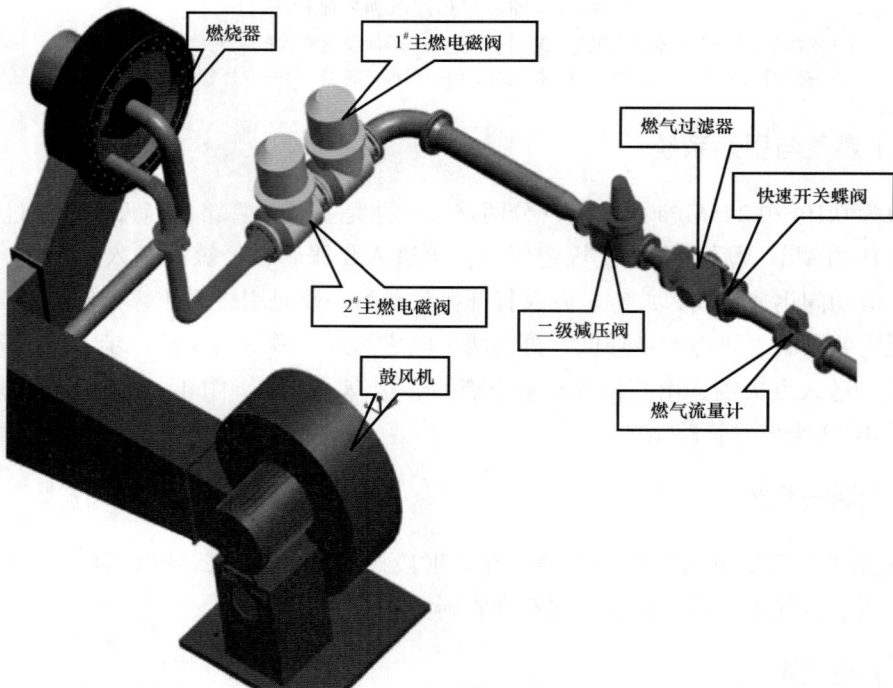

图 4-23　燃气管路系统图

（五）蒸汽取样系统

湿饱和蒸汽经辐射段汽水分离器后，分离出饱和水，饱和水经取样过滤器后，进入蒸汽取样冷却器，与冷却水逆流换热，将饱和水冷凝，温度不大于 60℃。

（六）蒸汽流量测量系统

过热蒸汽测量系统由长颈喷嘴流量计和流量演算器组成，过热器出口的过热蒸汽，经过长径喷嘴流量计测量出过热蒸汽的流量。过热蒸汽测量系统测量的最大流量为 22.5t/h，最小流量为 12t/h。

（七）蒸汽分离及掺混系统

辐射段出口饱和蒸汽四向切向进入汽水分离器，经旋风分离后，干饱和蒸汽经分离器顶部进入过热段加热，饱和水经分离器底部进入掺混管路，饱和水掺混管路上安装有电动流量调节阀门，控制分离器的液位及流经掺混管路的水量。

饱和水与过热段出口过热蒸汽在掺混器中掺混，掺混后的蒸汽为过热蒸汽，经注汽管线进入注汽管网。

（八）控制系统

锅炉控制的目标是确保安全高效并实现全自动运行。控制系统由两部分组成，一是可编程控制器、触摸屏和现场一次仪表，另一部分是燃烧器程控器、现场执行机构。可编程控制器和燃烧器程控器结合共同完成锅炉的数据监控、点火联锁、点火顺序控制、负荷控制、燃烧控制以及报警停炉功能。可编程控制器完成锅炉本体所有流量、压力、温度信号的读取；模块自检，并将数据通过 RS232 口传至触摸屏上显示。

自动控制程序设计主要包括负荷控制骨干程序、汽水分离器液位控制程序、过热器反洗清洗程序、过热保护程序、通信中断保护程序等。在由湿饱和蒸汽到过热蒸汽的过程中，通过负荷闭锁控制、温度补偿及浮点数通信，实时监测并自动调节燃烧工况。负荷控制骨干程序通过计算确认锅炉蒸汽干度满足汽水分离器投用条件后，启动汽水分离器液位控制程序，实时监测分离掺混系统和过热装置的参数变化，自动控制调节阀的开度，以保证锅炉运行的最佳工况。另外，还设置有过热装置参数异常时启用的过热保护程序，控制系统异常时启用的通信中断保护程序等。

三、结构

油田过热注汽锅炉主要由辐射段、对流段、过热段、过渡烟道、汽水分离器、给水预热器、烟气余热回收装置、给水泵、燃烧器、电气仪表等组成。

（一）辐射段

（1）辐射段为圆筒形结构，辐射段炉管是单路、直管，沿炉衬内壁水平往复排列。

（2）辐射段炉管悬吊螺栓及卡子采用"M""W"式，材料为 Cr25Ni20 耐热不锈钢。

（3）过渡烟道、过热段、对流段及辐射段的前后端面均采用耐高温 1400℃的高纯陶瓷纤维毯。

（4）辐射段外表面平均温度不大于 70℃，前墙外表面平均温度不大于 60℃。

图 4-24 为辐射段结构。

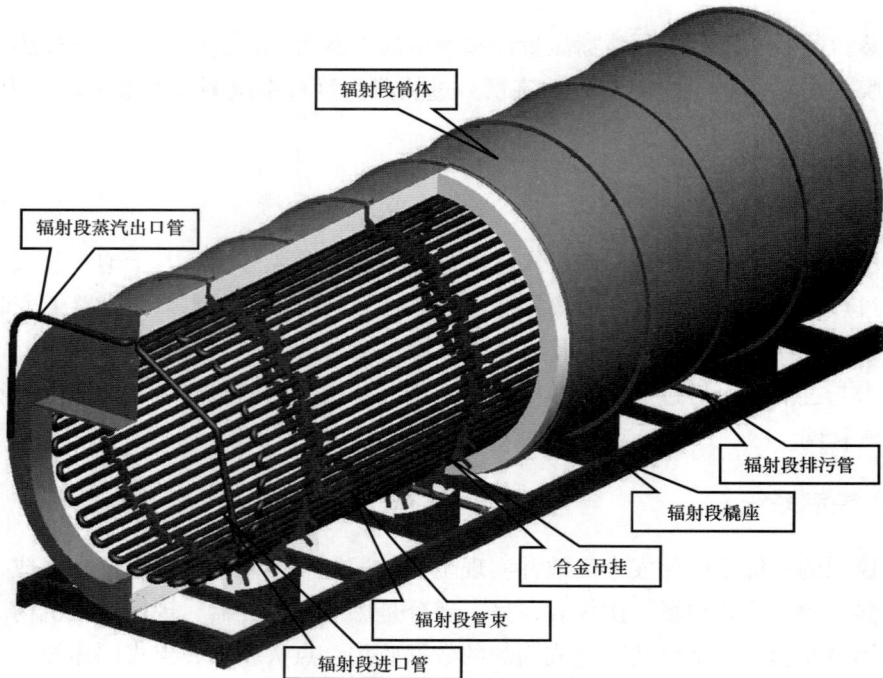

图 4-24　辐射段结构图

（二）对流段及过热段

（1）对流段及过热段分别为梯形和矩形结构，对流段、过热段炉管为单路或双路，直管。在炉壳内水平多层平行往复排列。

（2）过热段管束由光管组成，对流段管束由翅片管组成，翅片管采用高频焊接。

（3）对流段外表面平均温度不大于 80℃。

（4）对流段安装吹灰平台和滑轮式导轨，可打开侧盖或平移。

（5）对流段两侧门采用耐高温 1260℃的陶瓷纤维甩丝毯，对流段弯头箱充满硅酸铝纤维。

图 4-25 为对流段结构简介，图 4-26 为过热段结构简介。

（三）过渡烟道

（1）过渡烟道是连接辐射段和对流段之间的半圆形通道。

（2）过渡烟道的炉衬底部浇注耐火水泥，并设吹灰用排水沟、排水孔，过渡烟道外表面平均温度不大于 80℃。

（3）后炉门采用回转轴压盖结构。

（4）观火孔安装圆形耐热玻璃，保温棉做成倾角，倾角满足观看视野范围，看窗长度为 8cm。该型观火孔利于拆卸清洁，密封性能好。

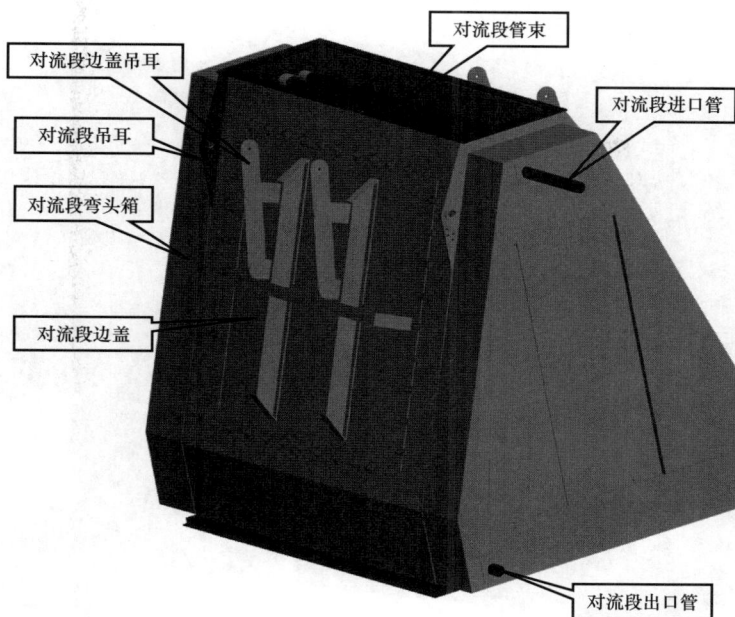

图 4–25　对流段结构图

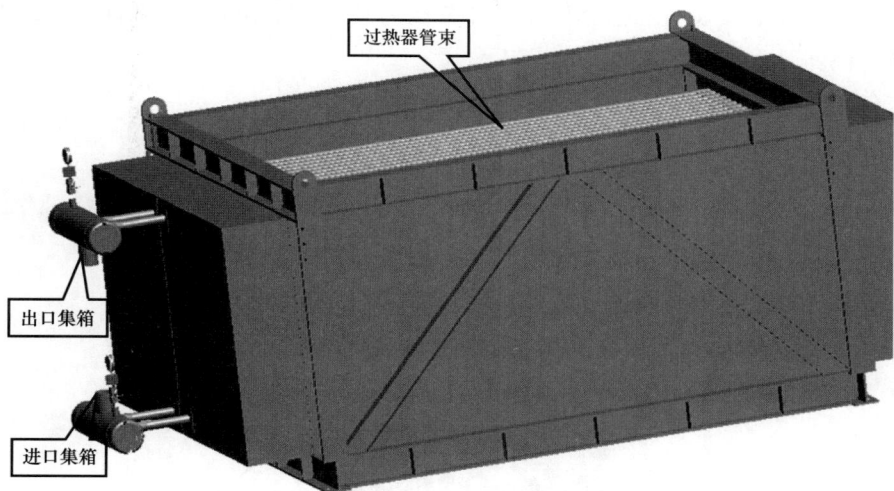

图 4–26　过热段结构图

过渡烟道结构如图 4–27 所示。

（四）汽水分离器

（1）湿饱和蒸汽采用双侧切向进口，有效保证进口旋风初级分离。

（2）采用高效复合三级汽水分离方式，分离出的蒸汽干度可达到 100%，减少盐分在过热器管壁析出，有效延长过热器的使用寿命。

（3）汽水分离器顶部设有放空口，底部设有蒸汽和饱和水取样口。

（4）汽水分离器外表面平均温度不大于 60℃。

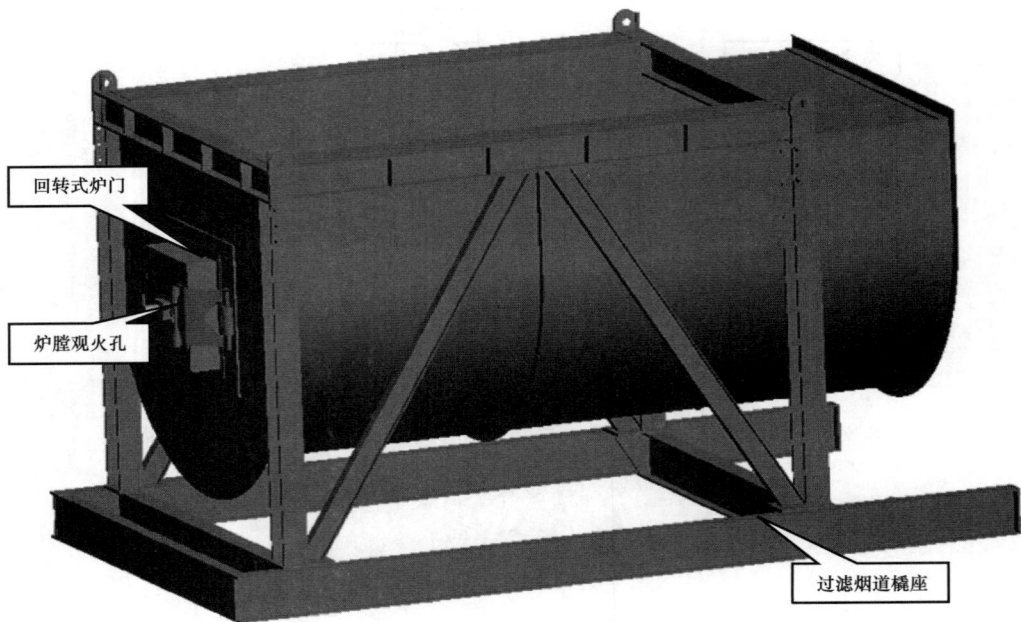

图 4-27　过渡烟道结构图

（5）汽水分离器安装有三组远传液位计及现场显示磁浮液位计。保证测量的准确性和运行的安全性。

汽水分离器结构如图 4-28 所示。

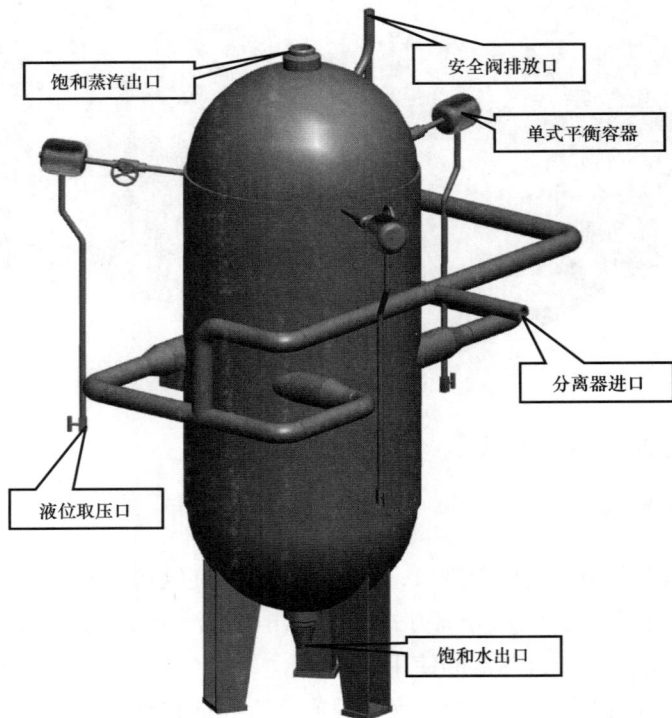

图 4-28　汽水分离器结构图

（五）给水预热器

（1）给水预热器为"U"形双层套管结构，双回程布置。

（2）给水预热器采用悬挂式布置，外表面平均温度不大于60℃。

（3）给水预热器内、外管及弯头均为20G钢管。

（4）给水预热器出口水温（冷水出口水温）须高于烟气露点温度。

给水预热器结构如图4-29所示。

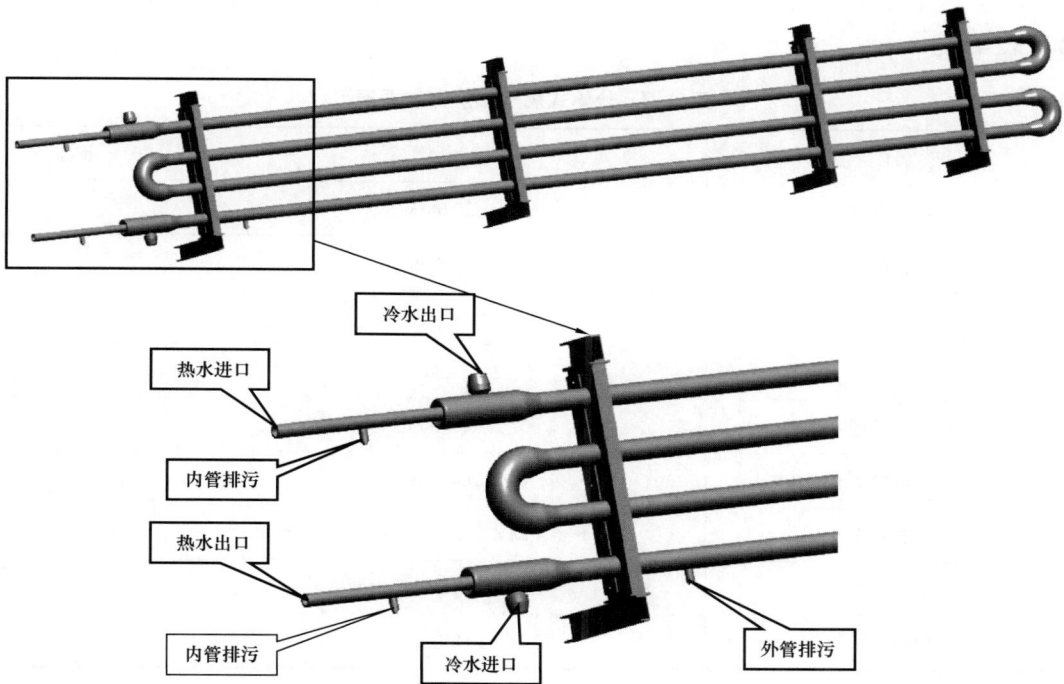

图4-29　给水预热器结构图

（六）烟气余热回收装置

油田注汽锅炉本体大部分都安装在室外。其运行时，助燃空气从室外直接引入燃烧器。北方地区冬季气候寒冷，环境温度变化区间较大，部分地区冬季最低温度达到-30℃以下。冷空气直接进入燃烧器，造成燃烧器进风口风量调节装置结冰、点炉困难、燃烧不完全等问题，对油田注汽锅炉的正常运行造成不利的影响，并使热效率显著降低。为确保锅炉冬季安全运行，需对冷空气进行预热；同时，锅炉烟气中含有大量的能量，直接排放影响锅炉热效率，造成热污染；锅炉的烟气中含有大量的水蒸气，将其回用节约水资源。

烟气余热回收装置实现利用高温烟气（130～200℃）热量预热空气或锅炉给水，同时提高锅炉热效率。主要有两种型式：单冷源烟气余热回收装置（用空气或水作为冷源冷凝烟气）、组合式烟气余热回收装置（空气和水同时作为冷源冷凝烟气）。

（七）给水泵

额定输入功率：162kW，柱塞直径φ64mm，最大出口压力19.31MPa，最大排量为25.5m³/h，柱塞泵进水温度10～80℃，进水压力0.1～0.9MPa。设置柱塞泵油位报警、油压报警并进行显示和报警。

（八）燃烧器

（1）燃烧器采用分体式燃气燃烧器，最大出力为20.0MW。执行机构为电驱动，其参数见表4-3。

表4-3　分体式燃气燃烧器数据表

名称	参数	备注
最大出力	20.0MW	
炉膛背压	5～8mbar	
燃料类型	燃气	
耗气量	285～2200m³/h	
进入风机前的进风温度	0～50℃	
风量	26400m³/h	
控制方式	电子复合调节器、燃气和风门挡板驱动	
控制系统	ETAMATIC 带显示面板	
噪声水平	104dB（A）	

（2）安装在控制柜里的燃烧器控制和复合调节系统，具有如下功能：

① 电子复合调节器、燃气和风门挡板驱动；

② 清晰显示燃烧器运行状态和初始故障值，并与 PLC 实时转化；

③ 燃烧器程序控制系统；

④ 用于空气温度校正的连接 4～20mA；

⑤ 满足 modbus 通信协议的需要。

（九）电气仪表

（1）工艺压力监测点安装压力变送器或直读式压力表，工艺温度监测点安装热电阻。给水流量采用孔板计，蒸汽流量采用喷嘴计，天然气流量采用漩涡流量计。

（2）停炉报警采用高声蜂鸣器，并有远传报警触点。

（3）控制系统选用中文界面触摸屏控制柜，所有传输数据及报警要在触摸屏上中文显示。

第三节　SAGD 蒸汽品质提升技术

新疆油田 2004 年起就开始开展超稠油开采关键技术装备研制与推广应用工作，新疆油田工程技术公司开发了适合超稠油开发的一系列蒸汽品质提升技术，即：无盐水加热技术、"蒸汽分离＋过热＋掺混"技术、"外置换热＋蒸汽分离＋多级减压"蒸汽除盐技术。

一、无盐水加热技术

水源供水经常规离子交换水处理后，进入反渗透除盐水装置，除去水中大于 0.1nm 的离子，无盐水电导率小于 50μs/cm。给水泵增压后，给锅炉供水，经过水—水热交换器外管进行换热，温度达到 90～110℃，在对流段内与烟气进行换热，经水—水热交换器内管进入辐射段，在炉膛内经辐射传热后，使其达到干度为 80％的湿饱和蒸汽，最后进入对流蒸发段与高温烟气进行换热，蒸汽出口干度达 95％以上或微过热，经注汽管线注入井底。其工艺流程原理如图 4-30 所示。

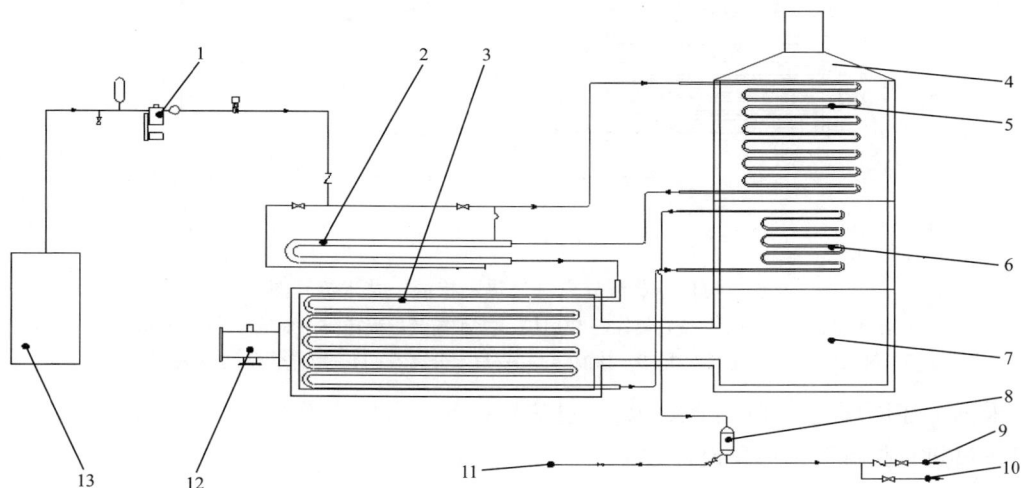

图 4-30　无盐水加热技术流程图

1—给水泵；2—水—水热交换器；3—辐射段；4—烟筒及过渡管；5—对流段；
6—对流蒸发段；7—过渡烟道；8—取样分离器；9—注汽管线；10—排放管线；
11—取样管路；12—燃烧器；13—反渗透无盐水处理装置

通过对锅炉各段测点蒸汽压力、温度、流量、干度、烟气温度进行监控，测量参数实时反馈到控制系统，多重复合控制系统采用 PID 反向调节，实现闭环控制，自动控制调节水量、火量等，以保证锅炉安全运行的需求。

该技术对水质要求较高，在反渗透过程中会有 25％左右浓盐水排放，且不能使用油田回用污水，投资和运行费用也较高。

二、"汽水分离＋过热＋掺混"技术

针对新疆油田稠油 SAGD 开发工艺技术的特殊要求，并结合锅炉来水的温度、水质等状况，独创性地提出了"汽水分离＋过热＋掺混"一体化技术。其原理是：清水或高温油田回用污水经给水泵增压后，经水—水热交换器外管换热后进入对流段进行初步加热，然后再经水—水热交换器内管进入辐射段，将锅炉给水进一步加热至75%～80%干度的湿饱和蒸汽，该蒸汽进入汽水分离器进行汽水分离，分离出的干度达99%蒸汽由分离器蒸汽出口管进入过热段加热至过热，然后再进入掺混器；由汽水分离器分离出的高含盐饱和水由分离水出口管进入掺混器；在掺混器中，利用过热蒸汽将高含盐饱和水加热并完全汽化，形成干度100%的微过热蒸汽后，由混合蒸汽出口管输出至蒸汽出口管注入油井。其工艺流程原理如图4-31所示。

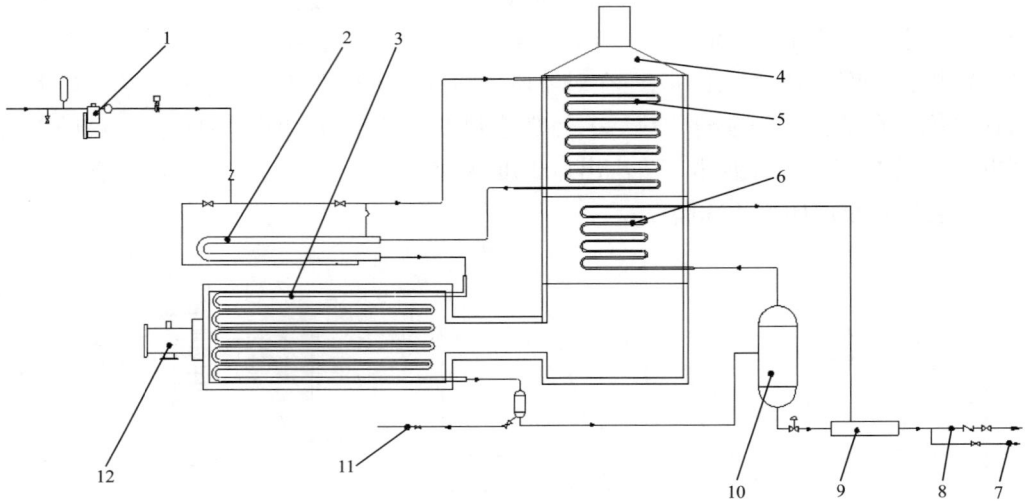

图4-31 "蒸汽分离＋过热＋掺混"技术流程图

1—给水泵；2—水—水热交换器；3—辐射段；4—烟筒及过渡管；5—对流段；6—过热段；
7—排放管路；8—注汽管线；9—掺混器；10—汽水分离器；11—取样管路；12—燃烧器

根据上述原理进行了"汽水分离＋过热＋掺混"一体化方案设计。图4-32为"汽水分离＋过热＋掺混"一体化设计方案。

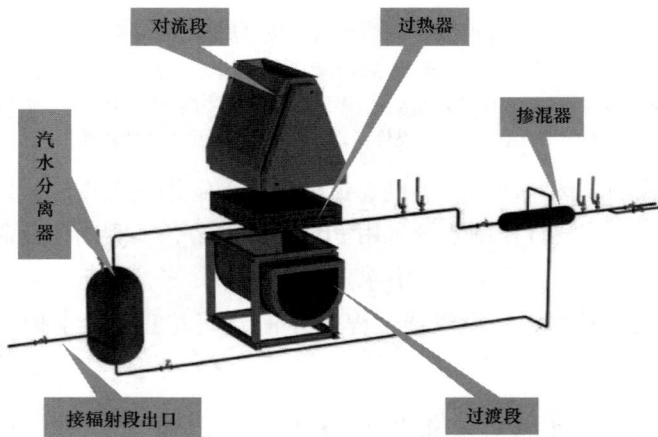

图4-32 "汽水分离＋过热＋掺混"一体化设计方案图

"汽水分离＋过热＋掺混"法对水质的适应性广，无需对锅炉给水（包括油田净化污水）进行除盐的情况下，仍然能使直流锅炉产生过热蒸汽，且没有高含盐污水排放。主要特点如下。

（1）出口蒸汽携带热焓值更高。"汽水分离＋过热＋掺混"法采用高效汽水分离、过热、掺混一体化技术，过热器布置在锅炉整体受热面系统内，整体热效率高。按照12MPa注汽压力、过热度25℃计算，与常规锅炉产生80％干度饱和蒸汽相比，过热蒸汽所携带热焓值提高了19.3％，锅炉出口蒸汽携带热焓值更高。

（2）回用油田采出高温净化水，节能效果显著。"汽水分离＋过热＋掺混"法可回用油田采出高温净化水运行，有效利用高温净化水所携带热量，净化水按80℃计算，单台22.5t/h过热锅炉年节省天然气 $133.5 \times 10^4 m^3$。

（3）回用油田采出净化水，减排效果显著。"汽水分离＋过热＋掺混"法回用油田采出高温净化水运行，单台22.5t/h过热锅炉年节约清水（减少污水排放）8827t，减排显著。

（4）配置空气预热装置，锅炉整体热效率高。通过空气预热装置，有效利用锅炉烟气余热对燃烧用空气进行加热，不仅有效改善锅炉冬季运行的燃烧工况，而且降低锅炉排烟温度，使锅炉整体热效率提高3％左右。每台22.5t/h过热锅炉年节省天然气 $16.8 \times 10^4 m^3$。

三、"外置换热＋蒸汽分离＋多级减压"蒸汽除盐技术

由于油田净化污水回用过热注汽锅炉，大量盐分随着过热蒸汽进入地层，周而复始，致使采出液矿化度逐年升高，污水回用处理难度增大，给水水质逐年恶化，锅炉给水中的盐类随过热蒸汽进入注汽系统，导致锅炉本体、注汽管路网、井口阀门、油管等设备结盐垢，影响注汽系统安全运行，增加运行成本。

目前国内外研究较多的脱盐技术为离子交换法、膜法（反渗透法、电渗析法）和降膜蒸发法、机械压缩蒸发法（MVR）等，都不能满足高温高压蒸汽品质提升工艺的要求。提出了匹配于过热注汽锅炉的"外置换热＋蒸汽分离＋多级减压"蒸汽除盐技术。

在辐射段出口增加外置换热器，过热器出口的过热蒸汽通过外置换热器，与辐射段出口的湿饱和蒸汽（干度70％）进行换热，用温度降低的过热蒸汽（370℃）进行注汽；湿饱和蒸汽的干度提高（蒸汽干度92％～95％），进入汽水分离器进行汽水分离，增大进入过热器的干饱和蒸汽量，减少含盐饱和水排放量，高温含盐水经多级减压进入蒸发析盐系统，除盐率达95％，实现低含盐蒸汽注汽。图4-33为"外置换热＋蒸汽分离＋多级减压"蒸汽除盐流程图。

由于蒸汽除盐系统将锅炉给水中的盐类从注汽系统中分离，实现纯过热蒸汽注汽，避免注汽系统（锅炉本体、注汽管路网、井口阀门、油管等）设备结盐垢；大量盐无法进入地层，周而复始，采出液矿化度逐年降低，减轻污水回用处理压力，提高注汽系统运行的安全性、平稳性；同时，纯过热蒸汽过热度高，携带热量大。每台除盐系统每年可实现除盐量约为570余吨，社会效益十分显著。

"外置换热＋蒸汽分离＋多级减压"蒸汽除盐技术主要特点如下。

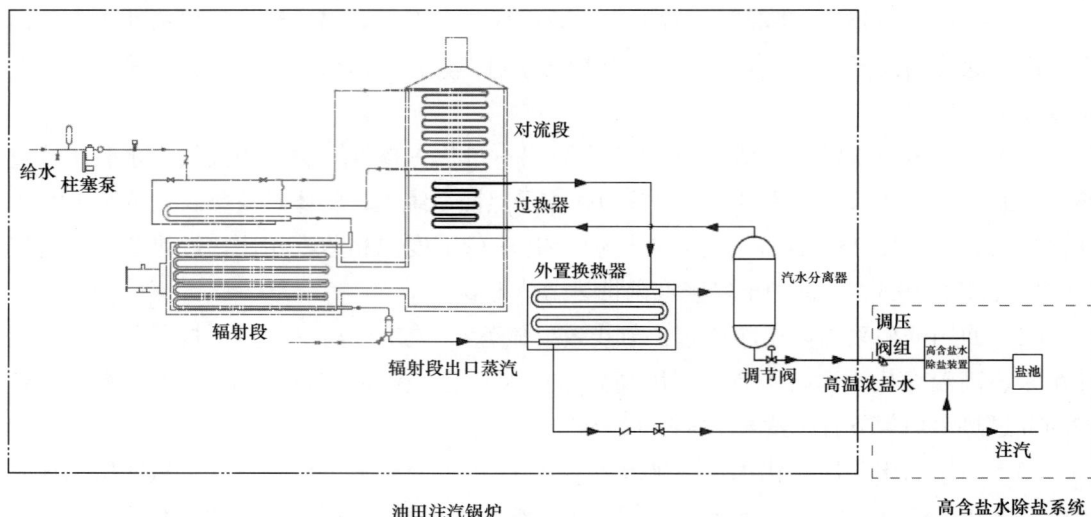

图 4-33 "外置换热 + 蒸汽分离 + 多级减压"蒸汽除盐流程图

（1）此技术利用油田注汽锅炉自身热量，实现过热蒸汽除盐与高温高压饱和水物理方法除盐，无需增加化学药剂。

（2）有效防止锅炉、注汽管网、井口、阀门、注汽井筒等结垢，降低注汽系统维护成本。

（3）实现纯过热蒸汽注汽，纯蒸汽驱可保护地层，有利于稠油开采，提高原油采收率。

（4）实现油田注汽锅炉炉后蒸汽除盐及高温高含盐水处理，降低处理成本。

（5）实现高温高含盐水无害化处理，盐以固体盐的形式回收，有利于环境保护和油田的可持续开发。

（6）设备简单，易于维护，降低劳动强度。

（7）设备运行连续，可实现自动化。

第五章 SAGD 井作业关键工艺技术

第一节 带压作业技术

在 SAGD 井开展带压作业，除了井口存在压力，同时需要考虑 SAGD 井伴有高温。因此不仅要考虑带压作业中控制油管内和油套环形空间的压力，以及克服管柱的上顶力（即"双封一顶"），而且还需要在井口降温，确保井口作业人员施工安全。

一、SAGD 带压作业设计与数学模型

地层压力、井口压力是带压作业设计和施工的基本参数。在作业过程中，这些力作用于管柱、带压作业装置上，存在直接关系的参数包括最大下压力、中和点长度，带压作业的操作分为轻管柱、重管柱，因此开展 SAGD 带压作业需要进行管柱的受力分析与计算。

（一）带压作业受力分析

带压作业是在井口有压力情况下进行起下管柱等作业。起下较轻管柱时，若没有限制阻力，管柱就会从井内"飞出"，这种起下管柱就叫强行起下管柱，对应为轻管柱状态；当管柱重量足够，即使井口有压力，管柱也不可能"飞出"井口，这种起下管柱就叫带压起下管柱，对应重管柱状态。在整个过程中，经历轻管柱、中和点（平衡点）、重管柱三个状态，这是管柱受到五个作用共同作用决定的。

带压作业时，作用在井下管柱上的力包括：井内压力作用在管柱最大密封横截面上的上顶力，管柱在井内流体中的重力，油管通过密封防喷器时所受的摩擦力，带压起下作业装置所施加给管柱的力，管柱在井筒内运动时套管对管柱产生的摩擦力。其中，防喷器和套管产生的摩擦力与管柱运动方向相反，套管对管柱产生的摩擦力在工程计算中忽略不计，具体如图 5-1 所示。

（1）由井内压力与大气压力之间的差值产生，井内压力作用在管柱与防喷器组密封面最大横截面积上的向上推力，即截面力，也称为上顶力。

（2）管柱在井内流体中的重力，即管柱的浮重。

（3）油管通过密封防喷器时所受的摩擦力大小与防喷器类型、井口压力、防喷器工作压力有关，通常取管柱上顶力的 20%。

（4）带压作业机对管柱所施加的轴向力。

（5）在定向井、斜井和狗腿度大的起下过程中套管对管柱的摩擦力，该摩擦力在工程计算中通常忽略不计。

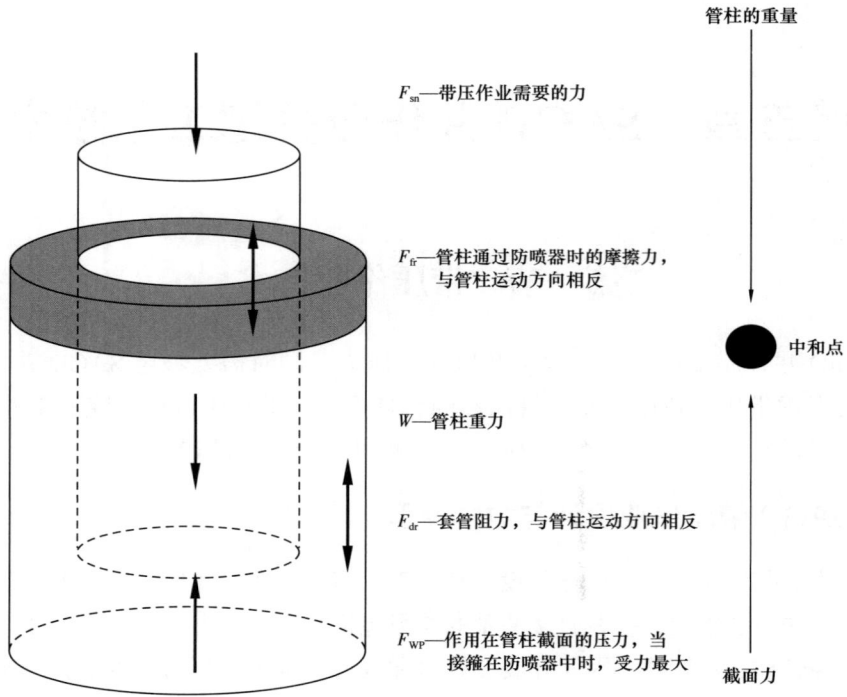

图 5-1　带压作业管柱受力分析图

（二）参数计算

（1）管柱截面力计算。

$$F_{wp} = \frac{\pi \times d^2 \times p}{4000} \qquad (5-1)$$

式中　F_{wp}——管柱的截面力，kN；

　　　π——圆周率，取 3.14；

　　　d——防喷器密封油管的外径，mm；

　　　p——井口压力，MPa。

（2）中和点计算。

① 管柱轴向力计算。

管柱轴向力 = 油管浮重 − 管柱的截面力。

② 管柱中和点计算。

在中和点时，受力情况为：

油管浮重 = 管柱的截面力；

管柱中和点 = 管柱的截面力 / 单位油管浮重。

其中：管柱中和点单位为米；管柱的截面力单位为千牛；单位油管浮重单位为千牛每米。

SAGD 带压作业采用辅助式带压作业装备，在中和点以下的管柱（重管柱）可使用大钩起下，中和点以上的管柱（轻管柱）使用液压缸起下。

（3）液压缸下推力计算。

$$F_{sn}=F_{wp}-W-F_{fr}-F_{dr} \qquad （5-2）$$

式中　F_{sn}——液压缸的下推力，kN；

　　　F_{wp}——管柱的截面力，kN；

　　　W——管柱在流体中的重力，kN；

　　　F_{fr}——防喷器对管柱产生的摩擦力，kN；

　　　F_{dr}——井筒对管柱的摩擦力，kN。

因此，液压缸的最大下推力等于井内压力作用在管柱最大密封横截面上的上顶力。

当管柱刚下入至井口防喷器时，管柱在井内没有重量，W 为 0kN，带压作业需施工的下压力最大，即：

$$F_{sn, \, max}=F_{wp}+F_{fr} \qquad （5-3）$$

摩擦力按管柱上顶力的 20% 取值，因此：

$$F_{sn, \, max}=1.2F_{wp} \qquad （5-4）$$

（4）油管抗挤压载荷计算。

下入井内油管受到井内压力挤压，油管的抗外挤强度会降低。考虑到 SAGD 井井口压力通常不大于 5MPa，因此在作业过程中可采用油管内灌液的方法防止管柱挤扁，建议可每下 300m 管柱灌满液 1 次，不再单独计算油管抗挤压载荷。

（三）SAGD 带压作业简要计算

假设有某口 SAGD 井，井口压力 5MPa，井内管柱外径为 ϕ114.3mm（内径 ϕ100.5mm，节箍外径 ϕ132.1mm），求该井的截面力、中和点、液缸下推力和无支撑长度。

截面力：

$$F_{wp}=\frac{\pi \times d^2 \times p}{4000}=3.14 \times 114.3^2 \times 5/4000=51.28\text{kN}$$

最大截面力（油管节箍通过环形防喷器）：

$$F_{wp}=\frac{\pi \times d^2 \times p}{4000}=3.14 \times 132.1^2 \times 5/4000=68.49\text{kN}$$

中和点（不考虑浮力）：

　管柱中和点 = 管柱的截面力 / 单位油管浮重 =51.28kN/（0.18kN/m）=284.89m

液缸下推力：

$$F_{sn, \, max}=1.2F_{wp}=1.2 \times 68.49=82.19\text{kN}$$

当第一根油管节箍通过环形防喷器时，所需要的液缸下推力最大。

二、SAGD 带压工具与设备

SAGD 井开展带压作业，需要考虑油管内压力控制、油管与套管之间的环形空间压力控制、井口装置循环降温冷却等。

（一）油管内压力控制

SAGD 井油管通过提前在井内下入的井下开关阀实现压力控制。工作筒（内装封堵总成）随完井管柱下井，安装于泵底或管柱底部，通过上提、下放抽油杆，使封堵总成关闭、打开，实现封堵和生产，外观与封堵原理如图 5-2 所示。

技术参数：外径 ϕ114.3mm，耐压 10MPa，耐温 370℃。

（a）外观

泵底封堵总成封堵油管　　　　　解除油管封堵，恢复生产

（b）开关原理

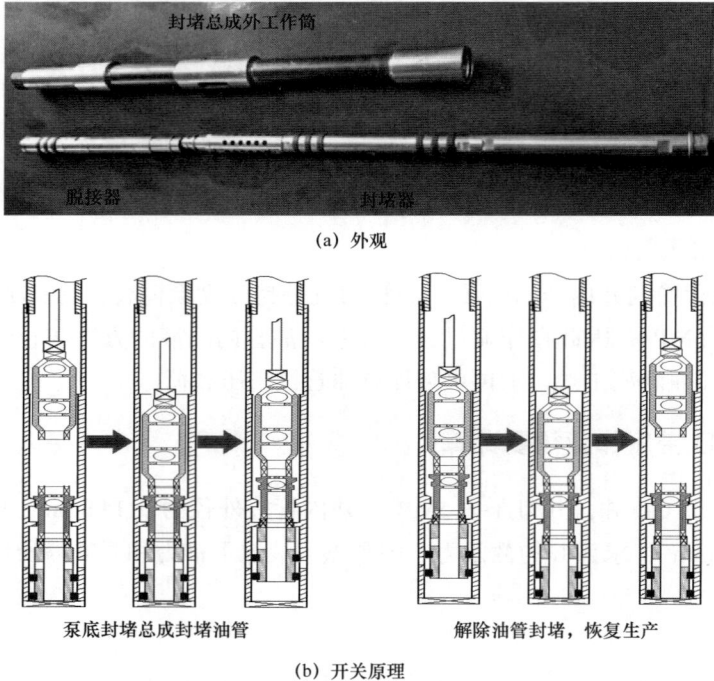

图 5-2　井下开关阀外观与开关原理图

（二）油管与套管环形空间压力控制

SAGD 井油管与套管环形空间压力控制通过带压作业装置实现，主要由隔热防喷器、液动三闸板防喷器、固定卡瓦、上下环形防喷器、游动卡瓦、支座、稳固装置和平台等主要部件组成，其基本结构如图 5-3 所示。

（三）循环降温井口装置

循环降温技术是利用特种耐高温防喷器隔断井内高温，并对井口装置进行改造形成密闭降温腔，冷水自降温腔下部泵入，由上部流出，依靠热交换带走油管热量，热水进入

循环罐降温，经过喷洒冷却后重新循环入井口装置内，对油管及井口装置持续降温，如图5-4 所示。

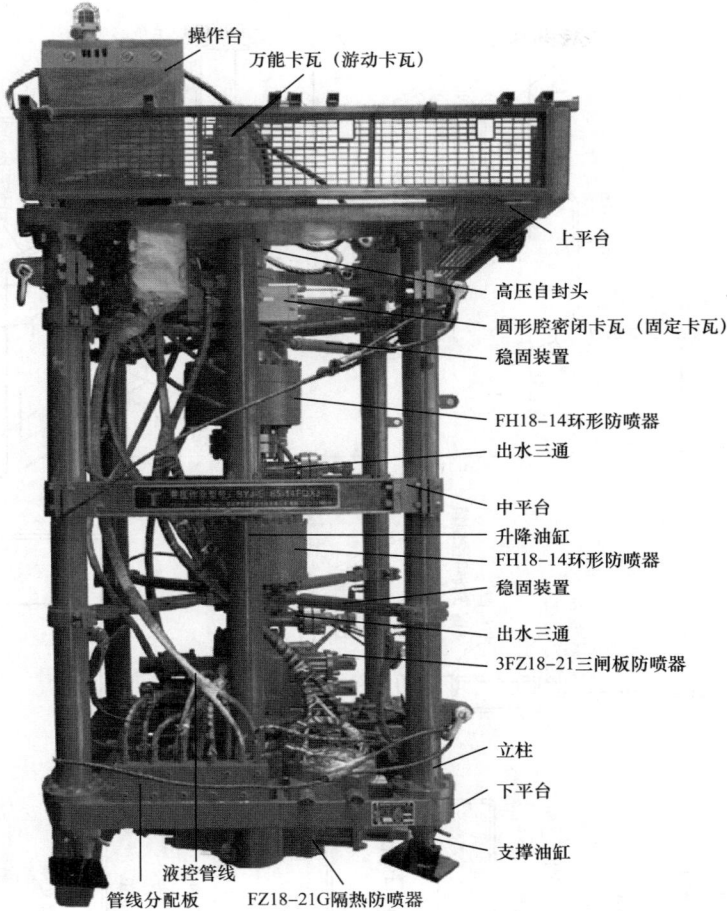

操作台
万能卡瓦（游动卡瓦）
上平台
高压自封头
圆形腔密闭卡瓦（固定卡瓦）
稳固装置
FH18-14环形防喷器
出水三通
中平台
升降油缸
FH18-14环形防喷器
稳固装置
出水三通
3FZ18-21三闸板防喷器
立柱
下平台
支撑油缸
液控管线
管线分配板
FZ18-21G隔热防喷器

图 5-3　SAGD 带压作业装置图

三、SAGD 井带压作业步骤

（1）提放光杆，关闭 SAGD 井井下开关阀并确认封堵合格，拆除采油树。

（2）安装提下抽油杆带压作业装置，调试试压合格。

（3）提出井内抽油杆，拆除提下抽油杆带压作业装置。

（4）安装提下油管带压作业装置，调试试压合格。

（5）提出井内油管与抽油泵。

（6）检查提出抽油杆、油管、抽油泵及其他附件，必要时更换。

（7）下入油管与抽油泵，拆除提下油管带压作业装置。

（8）安装提下抽油杆带压作业装置，调试试压合格。

（9）下入抽油杆，拆除提下抽油杆带压作业装置。

（10）安装采油树，提放光杆，打开 SAGD 井井下开关阀，确认启抽正常。

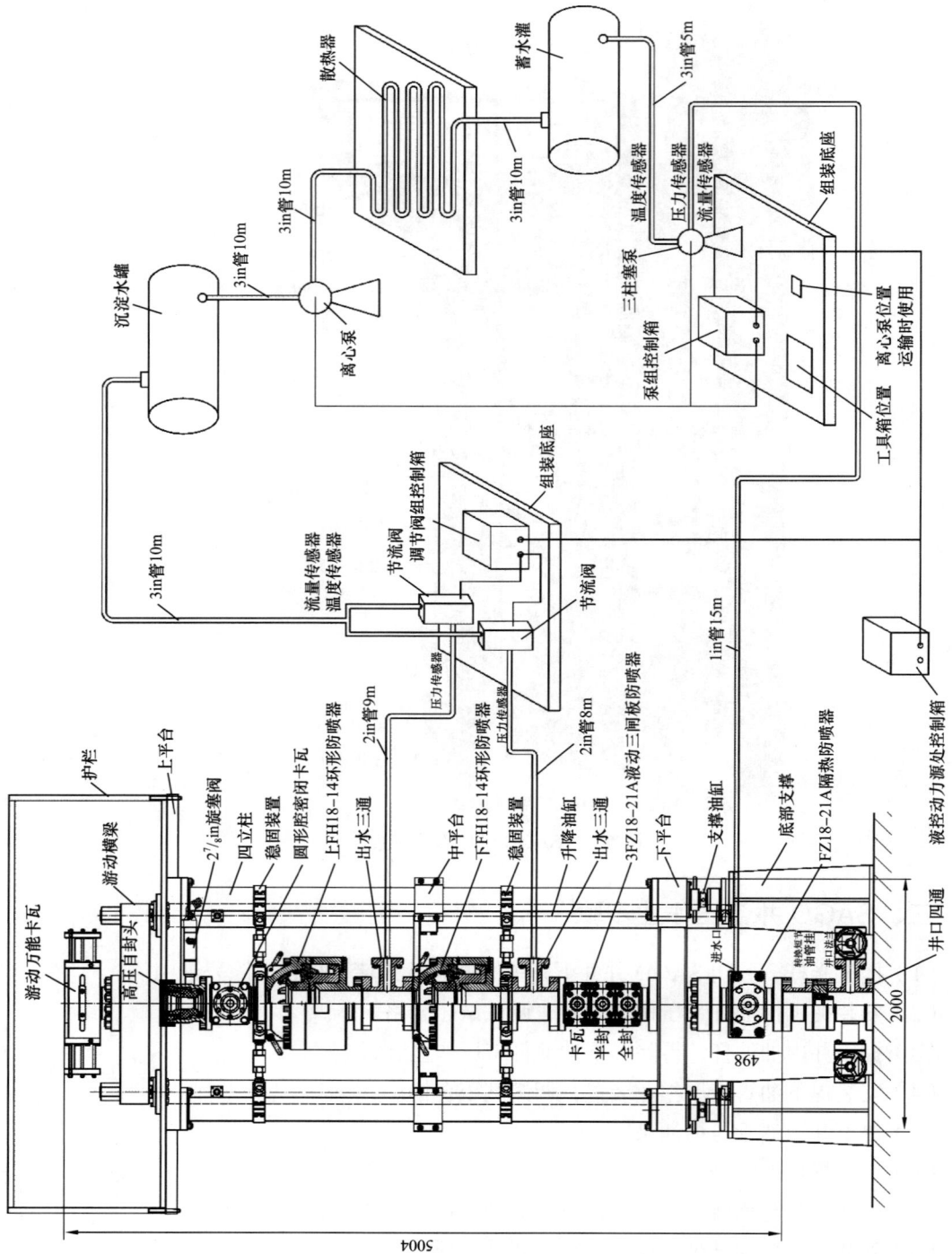

图 5-4　SAGD 井带压作业井口装置循环冷却示意图

第二节 SAGD 井连续油管作业技术

一、SAGD 井区提下测试管柱作业技术

目前国内外油田中稠油区块占有相当比重，SAGD 技术正逐渐成为稠油开发的重要方式之一，相应地如何了解 SAGD 井下温度压力动态变化，对稠油区块的科学开发显得越来越重要。目前将电缆预制下入连续油管中，再将连续油管连同电缆一起下入井内，是实现对井下温度、压力进行实时监测的主流技术。

通过这一技术可监测稠油生产水平井水平段多点温度和压力，可准确了解周围汽驱井井下蒸汽运动方向和推进速度、蒸汽突破位置，为分析水平井地层供液能力、调整注汽井网、合理制订生产制度提供有力的依据，对 SAGD 技术的开发起到重要的指导作用。

（一）技术原理

采用连续油管提下测试管柱作业技术的基本原理在于：使用连续油管设备将 SAGD 井内的连续油管提出；将测试电缆预置进入连续油管内部，再将预置有测试电缆的连续油管通过连续油管设备下入 SAGD 井底部，从而实现对 SAGD 井井内压力、温度的监测。

（二）配套工具

（1）井口导向管。井口导向管是一种实现连接井口与注入头、防喷盒的弯管，测试连续油管可以通过该弯管下入到井底，如图 5-5 所示。

（2）连续油管夹。连续油管夹可实现夹持连续油管，如图 5-6 所示。

图 5-5　井口导向管实物图

图 5-6　连续油管夹实物图

（3）连续油管固定夹。连续油管固定夹可实现固定连续油管，如图 5-7 所示。

（4）防喷盒密封胶芯。防喷盒密封胶芯用于密封与之尺寸相匹配的连续油管，实现带压提下测试连续油管，如图 5-8 所示。

（5）防喷盒导向铜块。防喷盒导向铜块的作用在于，对与之尺寸相匹配的连续油管起到支撑的作用，同时对防喷盒密封胶芯起到挤压的作用，如图 5-9 所示。

图 5-7　连续油管固定夹实物图　　　　　　　图 5-8　防喷盒密封胶芯实物图

（6）连续油管割刀。连续油管割刀用途在于割断连续油管，调整连续油管的长度，如图 5-10 所示。

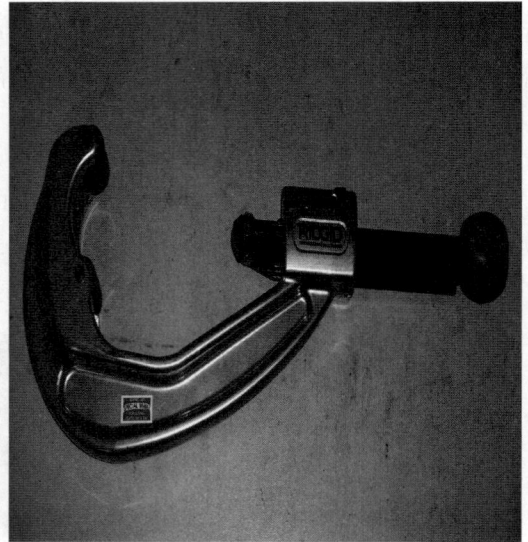

图 5-9　导向铜块实物图　　　　　　　　　　图 5-10　连续油管割刀实物图

（7）注入头斜放支架。注入头斜放支架的作用在于，为注入头倾斜放置提供支撑，为将连续油管穿入注入头提供便利条件，如图 5-11 所示。

（8）滚筒导管器。滚筒导管器的作用在于支撑滚筒、实现滚筒旋转，为盘绕连续油管创造条件，如图 5-12 所示。

（三）工艺实施

1. 带压起出测试连续油管过程

（1）施工现场摆放。

参考现场摆放示意图（图 5-13），对连续油管车、吊车、空滚筒、导管器、卡车等进行现场摆放；依据施工设计进行井口井控装置的选择，将储存滚筒安放在倒管器上，完成其他辅助作业设备设施的安装连接。

图 5-11　连续油管注入头斜放支架实物图

图 5-12　滚筒导管器实物图

（2）安装辅助设备。

安装鹅颈至注入头上，使用吊车将注入头吊至连续油管车尾部 5～8m 处。

（3）安装焊接引导连续油管。

在注入头底端连接井口转换接头（螺纹转活接头）；将一根 6～8m 长 1.25in 连续油管穿入注入头内，连续油管底端露出 0.5m。连续油管对焊：拆除井口 1.25in 连续油管悬挂密封装置，露出 1.25in 连续油管端头；将穿好 1.25in 连续油管的注入头吊至井口正上方，将两个连续油管端头对齐并固定；使用氩弧焊方式将两端连续油管对焊。焊接前确保连续油管两个端头打磨平齐；焊接后必须将焊点位置打磨至整体管径一致，确保连续油管在防喷盒及注入头的通过性。

（4）按照图 5-14 所示连接井口装置。

（5）提出井内测试连续油管。

校对注入头链条夹紧力、防喷盒夹紧力。

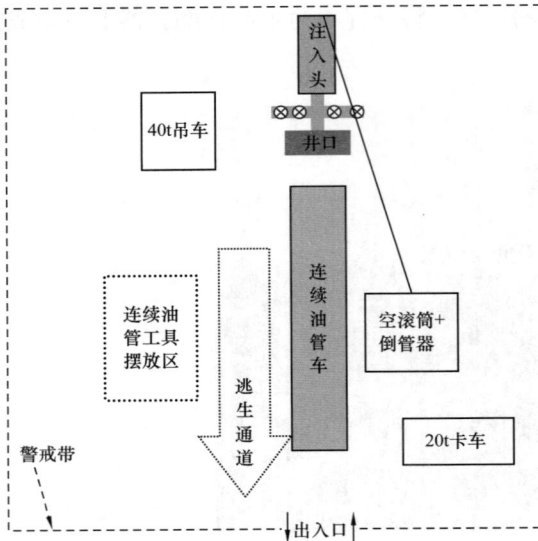

图 5-13　典型连续油管起下测试管柱现场摆放
示意图

按照设计速度上提连续油管，将连续油管端头放置到地面，在地面引导连续油管从对焊点割断。按照设计将 1.25in 连续油管穿入存储滚筒并固定端头。分别按照水平段、造斜段要求的上提速度上提连续油管至井口以下 30m。然后按照设计速度缓慢上提收回连续油管至井口阀门以上，关闭井口阀门。吊车配合将 1.25in 连续油管端头拖出注入头，用横杆卡子将连续油管端头固定在滚筒外沿。

（6）收尾。

提出井内测试管柱完成后，拆卸鹅颈、注入头、储存滚筒、倒管器及其他装置，回收辅助工具，装车检查，撤离井场。

2. 带压下入测试连续油管过程

（1）施工现场摆放：按照图 5-13 所示进行现场设备设施的摆放。

（2）安装辅助设备设施：安装鹅颈至注入头上，使用吊车将注入头吊至连续油管车尾部 5～8m 处。

（3）井口装置连接：吊车配合将存储滚筒的 1.25in 连续油管端头拖出 15～20m，在滚筒上打卡子固定连续油管，吊车将连续油管放置在地面；在井口上端连接井口转向弯管；吊车配合将 1.25in 连续油管端头穿入注入头内，连续油管端头与防喷盒底端平齐。将存储滚筒上的连续油管卡子拆卸，注入头连接到井口转向弯管上。

井口连接如图 5-15 所示。

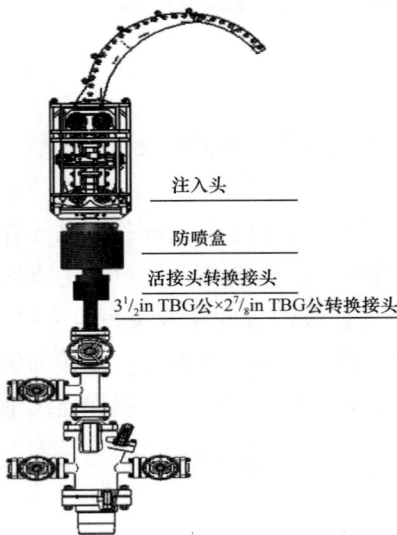

图 5-14　提出测试连续油管时井口连接图

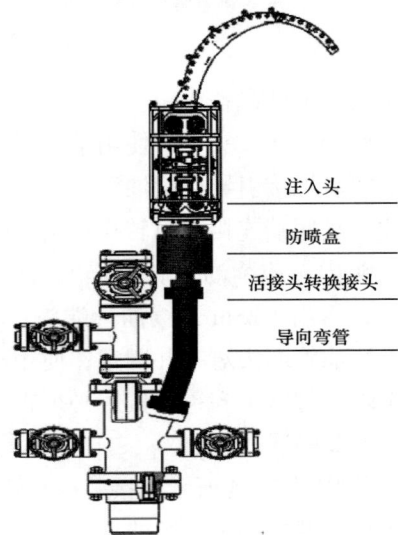

图 5-15　下入测试连续油管时井口连接图

（4）下测试管柱：调整好注入头链条夹紧力、防喷盒夹紧力；连续油管过导向弯管时按照设计的速度进行；直井段、斜井段、水平段的测试管柱下放速度参照设计；连续油管下放至设计深度时，停止下放；将连续油管悬挂固定后，割断连续油管。按照设计要求进行 1.25in 测试连续油管的悬挂、密封以及测试热电偶的连接保护工作。

（5）收车：拆卸鹅颈、注入头、储存滚筒、倒管器及其他装置，回收辅助工具，装车检查，撤离井场。

（四）注意事项

（1）连续油管焊接时，两个端头在焊接前必须打磨平齐；连续油管焊接后必须将焊点位置打磨至与整体管径一致，确保连续油管在防喷盒及注入头的通过性。

（2）上提连续油管过程中要将连续油管在滚筒上排放整齐，不得出现大缝隙、鼓包等现象；收回连续油管至井口阀门以上过程中，控制上提速度，上提连续油管速度不要过快，防止发生过大的提拉力将连续油管损伤等事故；收回连续油管过程操作一定要缓慢，速度过快可能会造成连续油管脱出注入头造成事故。

（3）穿注入头时必须使用牵引绳调整连续油管角度和方位，禁止操作人员直接用手拖拽。

（4）下测试连续油管作业过程中，中途遇阻后复探三次以上，下压操作规程规定悬重，如仍无法通过不得强行加大下压力；接近水平段 A 点以上 20m 时，连续油管必须保持慢速下放，防止工具串下压吨位过大造成损伤；连续油管出现遇阻情况时要先上提 10m 以上，到达安全距离再作下步计划。

二、SAGD 连续油管解堵作业技术

新疆油田目前已有的 400 多口稠油水平井，大多数井生产过程中出砂严重，且水平段末端位置因蒸汽温度低波及难度大等问题逐步造成死油堆积，进一步阻塞筛管导致蒸汽无法作用，造成减产甚至停产。采用常规冲砂方法，由于地层压力系数较低，极易产生严重的漏失甚至无法建立冲砂循环，加大修井作业费用，严重污染油层，冲砂后油井复产慢；采用同心管冲砂工艺方法，费用高、作业周期长；通过连续油管氮气泡沫冲砂排水技术可以解决低压易漏井冲砂洗井和积水外排问题，提高复产速度和注汽效率。

此外稠油开采过程中出现了以下问题：I/P 井（注入井/生产井）循环预热沟通时间长，影响见产。出现上述问题的原因在于：钻井液在井壁附近现场污染带，屏蔽蒸汽与储层连通；超稠油储层注汽通道不畅。通过连续油管拖动酸化作业技术可以解决上述问题。

（一）技术原理

氮气泡沫流体是一种可压缩的非牛顿流体，其独特的结构决定了其具有许多优点，如密度低且方便调节、黏度高、摩阻低、携砂能力强，以及在地下与天然气混合不易发生爆炸等性能，作为入井液便于控制井底压力，减少漏失和对地层伤害。

氮气泡沫流体冲砂排水工艺就是利用泡沫流体黏度高、密度小、携带性能好的特点，将泡沫流体作为携带液或压井液，在油管和环空中循环，使井底建立相对于油层的负压，

在此负压差的作用下，有如下两方面效果。

（1）依靠泡沫流体冲散井内积砂或结蜡，达到洗井、冲砂的目的。

（2）形成近井地带的积水回吐，随泡沫液返出地面：清洗近井地带和筛管外壁，提高导流能力；清除积水，使再次注蒸汽的热能更多作用在稠油上，提高注汽效率。

连续油管酸化作业是指连续油管带酸化工具入井，通过地面设备向管内泵注酸液，对套管内壁、产层射孔孔眼或产层段进行喷射酸化、均匀布酸、定点挤酸的作业，疏通流体通道、改造产层，实现增产增效目的。

酸化指加酸使环境体系由碱性或中性变成酸性的过程，酸化工艺是指采用了酸化技术的加工过程。酸化是强化采油（EOR）的一种措施，它在油井的排污和解堵方面具有广泛应用。在除去地下储油层导流缝隙中的杂质时，还能保护好周边的地层缝隙和裂缝。

（二）数学模型

1. 氮气泡沫冲砂数学模型

氮气泡沫冲砂实际施工过程中，都需要对施工的重要参数进行分析，如泡沫液使用量、氮气使用量、施工压力、消泡剂用量、泡沫质量要求以及盐水用量等。

上述的材料用量及参数范围都是根据井况的不同而不同的。套管内径和油管内外径大小决定了井内容积、泡沫在井内的流速，井深的差异决定了施工压力的大小以及泡沫液和氮气的使用量，为保证冲砂过程中井底压力等于或小于近井地层压力，还需要通过控制氮气泡沫质量来实现。因此需要对整个井筒建立数学模型分析，计算相应的循环摩阻、井筒压力分布、井筒泡沫质量分布、出入口压力要求、冲砂循环周期等参数的定量结果。

环空内的等效半径：

$$d = D - d_w \tag{5-5}$$

式中　　D——套管内径，m；

　　　　d_w——油管内径，m。

泡沫流体的雷诺数计算公式：

$$Re = \frac{\rho v d}{\mu} \tag{5-6}$$

式中　　ρ——泡沫流体密度，kg/m³；

　　　　v——泡沫流体流速，m/s；

　　　　μ——泡沫流体黏度，mPa·s。

油管内泡沫流体广义有效黏度：

$$\mu_e = K \left(\frac{3n+1}{4} \right)^n \left(\frac{8v}{d} \right)^{n-1} \tag{5-7}$$

$$K = K'_a \left(\frac{3n}{2n+1} \right)^n \tag{5-8}$$

式中　　n——流变指数；

　　　　K——流体稠度系数，Pa·s^n；

K_a'——广义流体稠度系数，$Pa \cdot s^n$。

环空内泡沫流体广义有效黏度：

$$\mu_e = K\left(\frac{2n+1}{3n}\right)^n \left(\frac{12v}{D-d}\right)^{n-1} \qquad (5-9)$$

$$K = K_a'\left(\frac{3n}{2n+1}\right)^n \qquad (5-10)$$

泡沫质量 Γ 与广义流体稠度系数 K_a'、流变指数 n 的关系见表 5-1。

表 5-1　泡沫质量与广义流体稠度系数流变指数的关系表

泡沫质量	广义流体稠度系数，$Pa \cdot s^n$	流变指数
$96\% < \Gamma \leqslant 98\%$	$K_a'=4.529$	$n=0.326$
$92\% < \Gamma \leqslant 96\%$	$K_a'=5.880$	$n=0.290$
$75\% < \Gamma \leqslant 92\%$	$K_a'=34.330\Gamma-20.732$	$n=0.7734-0.643\Gamma$
$65\% < \Gamma \leqslant 75\%$	$K_a'=2.538+1.302\Gamma$	$n=0.295$

油管内：

$$Re' = \frac{\rho d_w^n v^{2-n}}{\frac{K}{8}\left(\frac{6n+2}{n}\right)^n} \qquad (5-11)$$

$$f_1 = \frac{16}{Re'} \qquad (5-12)$$

式中　f_1——油管内摩擦系数。

环空内：

$$Re' = \frac{\rho(D-d_w)^n v^{2-n}}{12^{n-1}K\left(\frac{2n+1}{3n}\right)^n} \qquad (5-13)$$

$$f_2 = \frac{24}{Re'} \qquad (5-14)$$

式中　f_2——环空内摩擦系数。

油管内单位深度压降：

$$\Delta p = \frac{2f_1\rho v^2 L}{d_w} - \rho g L \qquad (5-15)$$

式中　L——计算段长度，m；

g——重力加速度，m/s^2。

环空内单位深度压降：

$$\Delta p = \frac{2f_2\rho v^2 L}{D-d_w} + \rho g L \qquad (5-16)$$

冲砂工具、变径部位水头损失：

$$h_j = \left(1 - \frac{A_1^2}{A_2^2}\right)\frac{v_1^2}{2g}$$ （5-17）

式中　A_1——变径前管内截面积，m^2；

　　　A_2——变径后管内截面积，m^2；

　　　v_1——变径前管内流体流速，m/s。

冲砂工具、变径部位压降：

$$\Delta p_t = \sum \rho g h_j$$ （5-18）

由于泡沫是可压缩性非牛顿流体，其密度与压力成正比，而油管中泡沫要同时提供克服油管内摩阻压降和克服环空内摩阻压降、环空回压以及局部压降的压力，所以油管内平均压力高于环空内的平均压力，则油管内泡沫重力形成的压力要大于环空泡沫重力形成的压力。即整个井内存在重力压差：

$$\Delta p_m = \Delta p_{ym} - \Delta p_{hm}$$ （5-19）

式中　Δp_{ym}——油管内重力压降，MPa；

　　　Δp_{hm}——环空内重力压降，MPa。

总压降：

$$p = \Delta p + \Delta p_t - \Delta p_m$$ （5-20）

2. 连续油管拖动酸化数学模型

（1）矿物反应的化学计量法。

前置酸（HCl）与砂岩碳酸盐胶结物等的反应可写为：

$$2HCl + CaCO_3 = CaCl_2 + CO_2 + H_2O$$

即溶解 1mol $CaCO_3$ 需要 2mol HCl，即在该化学反应中 HCl 和 $CaCO_3$ 的化学计量系数分别为 2 和 1，分别以 V_{HCl} 和 V_{CaCO_3} 表示。

由化学反应式也可以看出，对于一定质量的前置酸（HCl），其所溶解的碳酸盐矿物质总量（即重量酸溶解能力 β）为：

$$\beta = \frac{V_{矿物}\ MW_{矿物}}{V_{酸}\ MW_{酸}}$$ （5-21）

式（5-24）中，$V_{矿物}$ 和 $V_{酸}$ 分别为化学计量系数 V_{HCl} 和 V_{CaCO_3}，$MW_{矿物}$ 和 $MW_{酸}$ 分别为碳酸盐（对于石灰岩为 $CaCO_3$）和盐酸（HCl）的分子量，二者分别为 100.1 和 36.5。因此，对于 100% HCl 与 $CaCO_3$ 之间的反应，则有

$$\beta_{100} = （1 \times 100.1）\div（2 \times 36.5）= 1.37（CaCO_3/HCl）$$ （5-22）

对于任何浓度的盐酸，其溶解能力是 β_{100} 乘以其在溶液中的质量分数，如对于 15% HCl，则有：

$$\beta_{15}=\beta_{100}\times 0.15=0.2055\ (\text{CaCO}_3/\text{HCl}) \tag{5-23}$$

知道了盐酸的重量酸溶解能力 β，则可以由其换算出其体积酸溶解能力 X，以便在下面根据砂岩中碳酸盐岩矿物的百分含量（一般用岩矿方法在显微镜下确定的百分含量）确定与其反应所需的盐酸量。HCl 体积酸溶解能力 X 与重量酸溶解能力 β 之间关系为：

$$X=\beta\frac{\rho_{酸溶液}}{\rho_{矿物}} \tag{5-24}$$

式（5-24）中，$\rho_{酸溶液}$ 和 $\rho_{矿物}$ 分别为盐酸和碳酸盐岩的密度，它们分别为 1.075g/cm^3 和 2.50g/cm^3。将有关数据代入式（5-24）则可得到：

$$X_{15}=\beta_{15}\ (\rho_{15}/\rho_{矿物})=0.2055\times(1075\div 2500)=0.088\ (\text{CaCO}_3/\text{HCl}) \tag{5-25}$$

假设 HCl 与碳酸盐反应是迅速的，前置酸与油层砂岩中碳酸盐岩反应前缘边界是截然的，那么，溶解一定半径范围内砂岩中碳酸盐岩所需的酸液体积，加上残余于该区域孔隙中的酸溶液体积之和就是酸化作业中所需的前置酸的量。溶解砂岩中碳酸盐所需的盐酸（15% HCl）的体积等于方解石体积除以酸的体积溶解能力：

$$V_{\text{HCl}}=\frac{V_{\text{CaCO}_3}}{X_{\text{m}}} \tag{5-26}$$

式中　X_{m}——前置酸的体积溶解能力；

　　　V_{CaCO_3}——砂岩中碳酸盐岩的体积。

对于井筒半径为 r_{w}，处理伤害半径为 r_{i} 的圆形区域内单位厚度的砂岩，其中碳酸盐岩的体积为：

$$V_{\text{CaCO}_3}=\pi\left(r_{\text{i}}^2-r_{\text{w}}^2\right)(1-\phi)X_{\text{CaCO}_3} \tag{5-27}$$

式中　ϕ——岩石的孔隙度；

　　　X_{CaCO_3}——砂岩中碳酸盐矿物的体积百分含量，即显微镜岩矿鉴定统计结果。

将式（5-27）代入式（5-26）可得到溶解伤害半径为 r_{i} 的区域内砂岩中碳酸盐岩所需的 15% HCl 的体积为：

$$V_{\text{HCl}}=\left[\pi\left(r_{\text{i}}^2-r_{\text{w}}^2\right)(1-\phi)X_{\text{CaCO}_3}\right]/X_{15} \tag{5-28}$$

清除碳酸盐矿物后，以 r_{i} 为伤害半径的区域内的孔隙体积 V_{p} 也就是残余于该区域孔隙中的前置酸的体积，可表示如下：

$$V_{\text{p}}=\pi\left(r_{\text{i}}^2-r_{\text{w}}^2\right)\left[\phi+X_{\text{CaCO}_3}\cdot(1-\phi)\right] \tag{5-29}$$

这样，砂岩酸化中单位厚度油层所需的前置酸液（15% HCl）的体积为：

$$V_{\text{HCl总}}=V_{\text{HCl}}+V_{\text{p}}=\left[\pi\left(r_{\text{i}}^2-r_{\text{w}}^2\right)(1-\phi)X_{\text{CaCO}_3}\right]/X_{15}+\left[\pi\left(r_{\text{i}}^2-r_{\text{w}}^2\right)\left[\phi+X_{\text{CaCO}_3}\cdot(1-\phi)\right]\right. \tag{5-30}$$

式中　ϕ——砂岩孔隙度；

　　　r_{w}——井筒半径；

r_i——酸化处理半径；

X_{CaCO_3}——砂岩中碳酸盐矿物体积百分含量；

X_{15}——15% HCl 的体积溶解能力。

（2）后冲洗酸用量的确定。

后冲洗液的用酸量一般是主体酸的 1～1.5 倍。也可用式（5-31）计算：

$$V = \pi \left(r_i^2 - r_w^2 \right) \phi \qquad (5-31)$$

式中 V——单位厚度油层用酸量，m^3/m；

r_i——井筒伤害区半径，m；

r_w——井筒半径，m；

ϕ——孔隙度。

对于低渗透油层，根据经验，加防膨剂的后冲洗液用量一般为 $1.20～1.30 m^3/min$ 之间，排量可高于主体酸排量。

（3）主体酸用量的确定。

酸化作业最佳的经济效益是以最少的酸液量消除最大的伤害。因此，在酸化施工之前必须认真确定主体酸用量。根据地层伤害情况，确定酸化半径 r_i，对于不同井的用酸量可用式（5-32）进行计算：

$$Q = (2\!\sim\!4) \cdot \pi \left(r_i^2 - r_w^2 \right) \phi H \qquad (5-32)$$

式中 r_i——设计酸化半径；

r_w——井眼半径；

ϕ——酸化油层的平均孔隙度；

H——酸化油层厚度。

当使用经验方法时，估算酸液用量为：

$$Q = \alpha \cdot H \qquad (5-33)$$

其中 α 为用酸量经验常数，其实质是用酸强度。α 值应据地层渗透性能和损害程度确定，一般情况下 $\alpha=0.4～2.5$。对一般油藏设计酸化半径 $r_i=1.5m$，用酸量的通式可表示为：

$$Q = 7.04 H\phi \qquad (5-34)$$

把各井的 H、ϕ 值代入式（5-34），可求得各井的注酸量。在分阶段酸化过程中，确定各阶段的用酸强度或用酸量，首先要确定酸液注入半径 r，然后把 r 值代入式（5-35），来确定各阶段酸化用液量。假设各个液体注完之后，径向流动半径 r 分别为如下：

预冲洗液，$r_1=1.3m$，用酸量 Q_1；

前置液，$r_2=1.5m$，用酸量 Q_2；

氟硼酸体系，$r_3=1.5m$，用酸量 Q_3；

隔离液，$r_4=1.6m$，用酸量 Q_4；

土酸有机酸体系，$r_5=1.6m$，用酸量 Q_5；

后冲洗液，r_6=1.7m，用酸量 Q_6；

把 r_1，r_2，$\cdots$，r_6 代入式（5–35），各阶段总的酸化液注入半径 r 可由式（5–35）求出：

$$r = \sqrt{r_{\mathrm{w}}^2 (Q_1 + Q_2 + Q_3 + Q_4 + Q_5 + Q_6) / \pi h \phi} \qquad （5\text{–}35）$$

（三）配套工具

1. 泡沫发生测控装置

泡沫发生测控装置可实现现场配置泡沫液，额定生产泡沫能力 66m³/h，额定工作压力 35MPa，密度在 0.1～0.9g/cm³ 之间任意可调，能满足 –35～50℃恶劣的沙漠戈壁气候条件下正常运转设备，如图 5–16 所示。

图 5–16　泡沫发生测控装置实物图

2. 地面循环系统

多井次的现场施工，对地面循环系统根据施工现场发现的问题进行修改，最终设计出更加符合现场沉砂消泡的地面循环系统，如图 5–17 所示。

图 5–17　地面循环系统图

3. 多头喷嘴冲洗器

多头喷嘴冲洗器具有前端冲砂孔和侧端喷射清洗孔，能冲散井底砂粒同时清洗井筒，工具头的圆头能很好地导引冲砂管柱，遇到台阶或者套损等情况不易卡钻，确保冲砂工艺安全，如图 5–18 所示。

图 5–18 多头喷嘴冲洗器实物图

4. 酸化工具

酸化工具也选用多头喷嘴冲洗器，如图 5–18 所示。

5. 马达头总成

马达头总成是一种组合工具，集单流阀、丢手接头、循环阀的功能于一体，可以用在连续油管拖动酸化中，如图 5–19 所示。

图 5–19 马达头总成实物图

（四）工艺实施

1. 氮气泡沫冲砂工艺实施

（1）冲砂管柱组合：旋转喷嘴冲洗器（或多头喷嘴冲洗器）＋马达头总成＋连续油管连接器＋连续油管。

（2）确定冲砂液的排量，根据作业井预计沉积物的平均颗粒大小，确定其在清水中的自由沉降速度。根据具体工况计算作业所需环空返速；根据给定的井身和连续油管参数确定冲砂液排量。

（3）确定施工泵压，通过设计排量下管内流体摩阻、选定工具串压降和环空摩阻，确定施工泵压。确定液体用量，根据上述参数、地层漏失性和具体的作业要求确定最小液体用量。进行所选参数下的模拟工况分析，对上述所选参数进行修订、确认。

（4）施工现场摆放，如图 5–20 所示。

参考现场摆放示意图，对连续油管作业机、吊车、泵注设备（氮气设备）等进行现场摆放；含硫井等作业时，设备的摆放考虑风向；井口井控装置的选择依据施工设计进行；高压井作业时地面设备增加相应的高压除砂和控压装置。安装地面循环流程，连接器的抗拉、承压试验、连接井下工具串，完成井口装置的连接、紧固、试压，其他辅助作业设备设施的安装连接。

（5）下连续油管冲砂。

参数校核：对连续油管压力参数、深度参数、悬重参数进行校核，确定测井口压力情况及井内返出物性质。

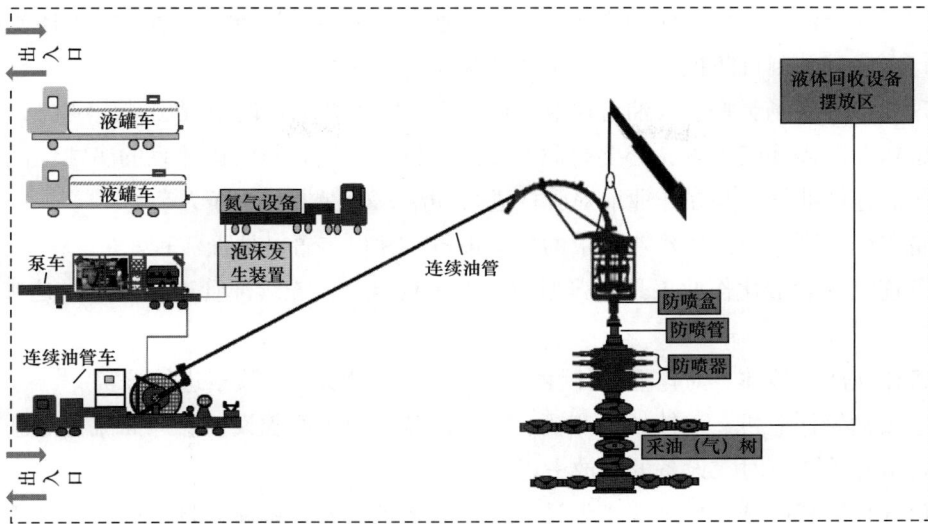

图 5-20　典型连续油管氮气泡沫冲砂施工现场摆放示意图

下连续油管探砂面：依据设计要求下入连续油管探砂面，下入过程中注意对下入速度进行控制，通过变径部位进行减速，每下入 500m 进行提拉测试。

（6）冲砂：连续油管减速探砂面后上提一定高度，记录砂面深度位置并调整液体排量，出口液体返出正常后，按设计进尺要求进行冲砂作业；冲砂过程，及时观察出口砂粒返出情况，搜集砂样；每冲砂一定进尺，按设计进行连续油管上提和坐洗；冲砂至设计井深后，坐洗至出口循环正常、无砂粒等堵塞物返出。

（7）上提连续油管及收尾：冲砂作业完成，上提连续油管至井口以下停泵，减速通过井口，关闭井口阀门；拆卸施工设备设施、地面流程、井口装置及井下工具；搜集施工资料，回收液体等。

2. 连续油管拖动酸化工艺实施

（1）作业前准备。

作业前需完成下列准备：生产情况和产出物的性质，井内流体性质；目前井身结构；产层深度和压力数据；井斜方位数据；井口设备参数；地层堵塞的原因、堵塞物主要成分和特性。

根据井筒及地层堵塞特性，选择酸化作业液体体系：不同的堵塞特性和作业目的决定了各种作业所需的液体体系，必要的情况下应进行垢体样品与所选液体体系的匹配性试验，以确保作业效果。

针对 SAGD 井，常用酸化作业方式为：酸洗，主要使用酸液清洗井筒及筛管处的垢体及堵塞物，疏通流体通道。常用工具组合：连续油管连接器 + 马达头总成 + 扶正器 + 喷射工具。

确定酸化作业所处理的层位：酸洗作业的液量应根据作业井段的井筒尺寸、长度、具体的堵塞情况进行确定。

确定泵压：取决于作业井段地层特性和连续油管额定工作压力，应留有足够的安全余量，减少对连续油管使用寿命的影响。进行所选参数下的模拟工况分析，对上述所选参数进行修订、确认。制订防护措施及应急处置预案。

清理井口及井场影响连续油管作业的设备设施，需要的情况下提出井内结构。

准备作业所需连续油管：必要时截取样品进行连续油管与液体体系的腐蚀性试验。优选作业所需连续油管，并在作业前对管柱进行冲洗，确保内腔干净无杂物。

准备工作级别符合酸化作业要求的泵注设备、井口装置、地面流程。

准备连续油管酸化作业工具，典型的井下工具组合：连续油管连接器＋马达头总成＋喷射工具。

准备作业所需液体，对作业液体性能进行检测、确认。对液量进行核实。

对连续油管作业机、液体拉运车辆、泵注设备、液体回收设备、地面流程等进行现场摆放；含硫井等作业时，设备的摆放考虑风向。

井口井控装置的选择依据施工设计进行；井下工具安装单流工具，单流工具的反向承压等级满足施工要求。

根据酸化作业要求完成地面流程的安装、试压。连接井下工具串并试压。完成井口装置的连接、试压。完成其他辅助作业设备设施的安装连接。

（2）酸化作业流程。

参数校核：对连续油管压力参数、深度参数、悬重参数进行校核。

连续油管：依据设计要求小排量循环下入连续油管；下入过程中注意对下入速度进行控制，通过变径部位、特殊井段进行减速，每下入 500m 连续油管需进行一次提拉测试。

酸化作业：下连续油管至设计深度，开始按泵注程序表进行相对应液体的泵注；定点喷射酸化完成后上提连续油管至指定位置；拖动酸化过程应在设计拖动酸化范围内按一定速度上提或下放。

顶替：酸化作业完成后按设计要求，泵注顶替液、防腐剂，并按设计要求上提连续油管。

返排：如需进行连续油管返排，应泵注循环足够液量的缓蚀剂，以中和、稀释井筒内和地层返出的酸液。

上提连续油管及收尾：提出连续油管，对连续油管内液体进行氮气置换；拆卸施工设备、整理施工数据。

（五）注意事项

（1）连续油管冲砂过程要保持液体不间断循环，密切观察出口返出液体液量、砂粒大小，如果返出液体中的固体沉淀物不多，可以加大排量。如果出现出口不返液等异常情况，需持续保持循环并上提连续油管至砂面以上位置，水平井上提至造斜点以上位置。

（2）冲砂过程如进尺缓慢或无进尺，不可采用钻压过压方式进行强行冲砂，要根据具体情况，制订下步措施。水平井冲砂时要降低冲砂进尺速度并提高冲砂排量；注意做好冲开产层段堵塞物后，液体快速漏失或出现异常高压的防范。

（3）出现卡钻时，在连续油管屈服强度允许的载荷范围内活动管柱解卡，严禁过提载荷；井内有腐蚀性介质时，需在冲砂液体中添加防腐剂或缓蚀剂；进行泡沫冲砂时要考虑泡沫发泡后的体积，消泡准备。

（4）使用氮气进行作业时需做好压力伤害及环境污染等的风险防范。冲砂施工必须在井内平稳进行，注意防火、防爆、防中毒事故；保持施工现场环境卫生，施工完毕后恢复原样。

（5）在连续油管酸化前进行酸液液体体系的腐蚀评价试验。准备充足的缓蚀剂、顶替液、中和液等材料。

（6）作业前应对防护措施及应急处置预案的有效性进行确认。

（7）酸化作业泵注设备、地面高压流程、连续油管内及井控装置会带有高压，作业过程中人员应远离高压区。

（8）对酸液可能泄漏的风险点进行排除和隔离，作业人员进入时必须佩戴检测及防护设备。

（9）酸化作业后，可能沟通高压产层，造成井口快速升压，操作人员注意观察压力变化，根据压力、悬重变化及时调整相应的注入头、防喷盒作业参数。

（10）作业完成后，如需进行气举等其他作业，应考虑地层返出的酸液对连续油管造成的腐蚀。

第三节　热平衡压井技术

SAGD 生产井产出物同时具备水、油、气、汽四种井产出物的共同特征，并伴有高温，因此 SAGD 井既不同于一般意义上的油井、水井、天然气井，也不同于一般意义上的稠油井，所以其压井作业就不是一般意义上的 $p=\gamma H$ 压井平衡过程，而是通过低温流体与高温蒸汽之间的换热形成液柱来平衡地层。

一、SAGD 井降温压井传热过程和数学模型

SAGD 生产井压井液的注入过程受地层压力、井筒温度、井身结构等因素影响，其冷却过程是产液与压井液的冷凝换热、高温介质与低温介质的传导换热和低温介质与井身结构及地层的传导换热的综合过程。同时受到地层压力、蒸汽腔扰动等因素的约束，注入流量与注水压力必须维持在合理的范围内，即：注入流量必须维持在小流量状态，注入压力稍高于地层压力。井筒中注入过程描述如下。

直井段的换热过程中，注入初期常温水进入井筒，水沿井筒内壁向地层流动，并与井筒内的高温干饱和蒸汽进行接触，进行热交换，高温干饱和蒸汽放热，温度降低，形成湿饱和蒸汽，湿饱和蒸汽与水进一步换热、冷凝，形成饱和水，饱和水与水进行混合。而常温水沿井筒内壁流动过程中，井筒内壁水膜的厚度增加，温度升高，形成环状流。

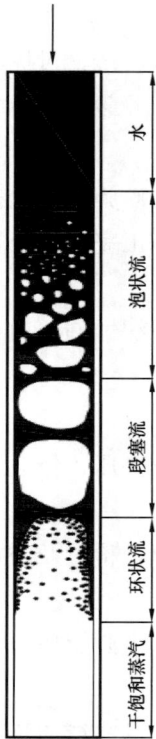

图 5-21　直井段水
流流态变化图

随着注水过程的推进，水膜增厚，将井筒中的蒸汽分割成多段，形成段塞流，段塞气泡与水进行换热、冷凝，体积减小，气泡减小的空间被水占据，形成泡状流，较小的气泡在水中继续放热，冷凝，被水冷却吸收，最终在井筒中形成水柱，如图 5-21 所示。

整个注水过程是传热传质的过程：一方面是水蒸气通过汽液交界面进入水中的传质过程；另一方面是水吸收水蒸气热量的传热过程，对于水蒸气释放热量，分为两部分，一部分为蒸汽冷凝释放出，另一部分为冷凝的饱和水放出。

水与水蒸气直接接触冷凝是指蒸汽与过冷液体直接接触时发生的冷凝相变过程。冷凝相变过程受几何结构、流体物性、质量流率、环境工况等诸多因素的影响，冷凝换热过程复杂，因此，需对其注水过程做以下假设（图 5-22）：

（1）井筒为绝热密闭空间；

（2）水在井筒内壁的流动是层流流动，并且水边界光滑；

（3）水蒸气在汽液界面处被吸收时，立即放出全部吸收热，并立即传入水内部；

（4）汽液界面无传质阻力，处于饱和状态；

（5）水与水蒸气有固定的分界面，无水汽混合相存在；

（6）水蒸气在井筒内部不流动，由于水的作用产生的压力变化可以忽略不计；

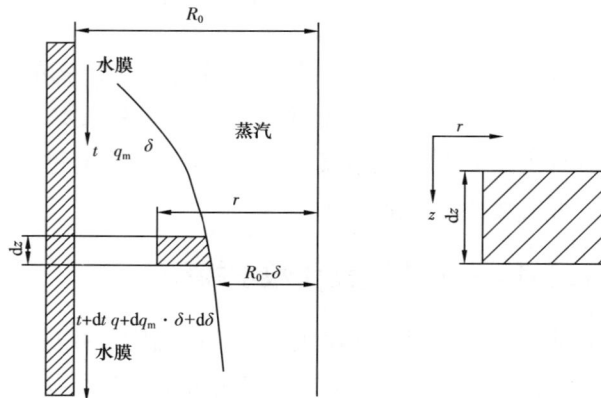

图 5-22　管中层流模型图

（7）水中的对流可以忽略不计，水中温度沿水膜厚度方向的变化关系可以看作是线性的。

（一）运动方程

如图 5-22 所示，根据层流假定，在垂直管内沿管长任意位置 z 处取一个微元，忽略液膜边界处气液之间的摩擦力，则在距管轴中心 r 处作用在微元上力的平衡方程为：

$$\pi g\left(\rho_1 - \rho_g\right)\left[r^2 - \left(R_0 - \delta\right)^2\right]\mathrm{d}z = -2\pi r\mu\left(\frac{\partial v_t}{\partial r}\right)\mathrm{d}z \qquad (5\text{-}36)$$

式中　ρ_1——液膜的密度，kg/m^3；

$\quad\quad$ ρ_g——水蒸气的密度，kg/m^3；

$\quad\quad$ R_0——管内径，m；

$\quad\quad$ δ——液膜厚度，m；

$\quad\quad$ v_t——液膜在距管轴中心 r 处的速度，m/s；

$\quad\quad$ μ——动力黏度，Pa·s；

$\quad\quad$ g——重力加速度，m/s^2。

从方程（5-36）可以得到液膜在 r 方向上的速度微分方程：

$$\left(\frac{\partial v_1}{\partial r}\right)_z = \frac{g\left(\rho_1 - \rho_g\right)}{2r\mu}\left[\left(R_0 - \delta\right)^2 - r^2\right] \qquad (5\text{-}37)$$

由于速度 v_1 是 z 和 r 的函数，在微元中，z 已被确定下来，并代入边界条件：$r=R_0$ 时，$v_r=0$，得到液膜在垂直降膜管 z、半径 r 处的速度方程为：

$$v_1 = \frac{g\left(\rho_1 - \rho_g\right)}{2\mu}\left[\frac{R_0^2 - r^2}{2} - \left(R_0 - \delta\right)^2 \ln\left(\frac{R_0}{r}\right)\right] \qquad (5\text{-}38)$$

（二）质量方程

在 z 处的溶液质量流量可以表示为：

$$q_m = 2\pi\rho_1 \int_{R_0-\delta}^{R_0} v_1 r \mathrm{d}r \qquad (5\text{-}39)$$

把式（5-38）代入式（5-39），可以得到液膜在 z 处的质量流量为：

$$q_m = \frac{\pi g\rho_1\left(\rho_1 - \rho_g\right)}{2\mu}\left[-R_0^3\delta + \frac{7}{2}R_0^2\delta^2 - 3R_0\delta^3 + \frac{3}{4}\delta^4 + \left(R_0 - \delta\right)^4 \ln\frac{R_0}{R_0-\delta}\right] \qquad (5\text{-}40)$$

在垂直膜管上所取的微元中，液膜的质量流量增量 $\mathrm{d}q_m$ 是由在该微元汽液两相界面上，汽相向液相的传质而产生的。按照传质方程认为，汽液两相界面上的传质是由某一组分的汽相浓度 y 与液相界面饱和浓度 y_i 之差所形成的传质推动力而产生的。因此该微元中可按传质方程写成：

$$\mathrm{d}q_{mg} = \frac{M}{R_m T_g}\left[K_G p\left(y - y_i\right)\cdot 2\pi\left(R_0 - \delta\right)\right]\mathrm{d}z \qquad (5\text{-}41)$$

式中　M——被吸收气体的摩尔分子质量，kg/mol；

$\quad\quad$ R_m——通用气体常数，J/（mol·K）；

$\quad\quad$ T_g——被吸收气体的热力学温度，K；

$\quad\quad$ K_G——传质系数，mol/（m^2·s）；

$\quad\quad$ p——吸收压力，Pa。

水的质量流量的增加量来源于对水蒸气的吸收，故通过一个微元，水的质量流量的增加量可用吸收的水蒸气来表示：

$$dq_m = dq_{mg}$$（5-42）

（三）能量方程

在流场中任取一控制体，其界面为 S，体积为 V。对于该流体，能量守恒定律可表达为：体积 V 内流体总能量的变化率等于单位时间内由外界传入该流体的热量加上外力对该流体所作的功。表述如下：

$$\frac{dE}{dt} = Q_H + W$$（5-43）

式中　E——体积 V 内流体的总能量；

　　　Q_H——单位时间 t 内由外界传入流体的热量；

　　　W——同一时段内外力对流体所作的功。

流体具有的能量 E：运动流体的能量包括内能、动能和势能三种形式。单位质量流体所含有的内能用 e_I 表示，则单位质量流体的能量 e 可写为：$e = e_I + \dfrac{v^2}{2} + gz$。

因此，体积为 V、密度为 ρ 的流体所具有的能量 E 可写为：

$$E = \int_V \rho e dV = \int_V \left[\rho \left(e_I + \frac{v^2}{2} + gz \right) \right] dV$$（5-44）

能量 E 随时间的变化率 $\dfrac{dE}{dt}$ 可表示为：

$$\begin{aligned}
\frac{dE}{dt} &= \frac{d}{dt} \int_V \rho e dV = \int_V \frac{\partial}{\partial t}(\rho e) dV + \int_S \rho e \vec{v} d\vec{S} \\
&= \int_V \frac{\partial}{\partial t} \left[\rho \left(e_I + \frac{v^2}{2} + gz \right) \right] dV + \int_S \left[\rho \left(e_I + \frac{v^2}{2} + gz \right) \right] \vec{v} d\vec{S}
\end{aligned}$$（5-45）

单位时间内由外界传入流体的热量 Q_H 主要考虑为热传导传热。热传导的规律由 Fourier 定律表示：

$$q_h = -\lambda_h \mathrm{grad} T$$（5-46）

式中　q_h——单位时间内通过表面单位面积传入的热流通量；

　　　λ_h——导热系数；

　　　T——温度。

式（5-49）表达了三维温度场中热量传递，负号表示热量从高温向低温传递。

对于体积为 V 的流体，单位时间内通过界面 S 传入的热量可表示为：

$$Q_H = -\oint_S -(\lambda_h \mathrm{grad} T) d\vec{S} = \oint_S (\lambda_h \mathrm{grad} T) d\vec{S}$$（5-47）

流体对外界所作的功 W：流体作功由作用于一部分流体表面的表面力和作用于流体

质点的质量力通过位移和变形来完成。

对于所研究流体，若微小表面积 $\mathrm{d}S$ 的移动速度为 v，且把表面应力分为法向应力 σ_n 和切向应力 τ_T，则表面力在单位时间对体积为 V 的流体所作的功为：

单位时间内作用于流体控制面上的法向力的功：

$$W_\sigma = -\oint_S \sigma_n \vec{v} \mathrm{d}\vec{S} \tag{5-48}$$

单位时间内作用于流体控制面上的切向力的功 W_T：

$$W_T = -\oint_S \tau_T \vec{T} \vec{v} \mathrm{d}\vec{S} \tag{5-49}$$

其中 $\vec{T}$ 为与表面相切且与 τ_T 同一指向的单位矢量。式（5-51）和式（5-52）中积分符号前均有一负号，是因为它们所表示的是对控制体内的流体所作的功。

质量力包括重力以及重力以外的质量力。重力做功作为势能已计入，因此这里不再考虑。设 F 为重力以外的单位质量力，则单位时间内重力以外质量力对流体所作的功 W_F：

$$W_F = -\int_V \rho \vec{F} \vec{v} \mathrm{d}V \tag{5-50}$$

对于水泵对流体做功，这种功称为转轴功 W_s。

单位时间功 W 可表示为：

$$W = \frac{\mathrm{d}W_s}{\mathrm{d}t} - \oint_S \sigma_n \vec{v} \mathrm{d}\vec{S} - \oint_S \tau_T \vec{T} \vec{v} \mathrm{d}\vec{S} - \int_V \rho \vec{F} \vec{v} \mathrm{d}V \tag{5-51}$$

综上可得：

$$
\begin{aligned}
& \int_V \frac{\partial}{\partial t}\left[\rho\left(e_I + \frac{v^2}{2} + gz\right)\right]\mathrm{d}V + \int_S\left[\rho\left(e_I + \frac{v^2}{2} + gz\right)\right]\vec{v}\mathrm{d}\vec{S} \\
& = \oint_S \left(\lambda_h \mathrm{grad}T\right)\mathrm{d}\vec{S} - \frac{\mathrm{d}W_s}{\mathrm{d}t} + \oint_S \sigma_n \vec{v}\mathrm{d}\vec{S} + \oint_S \tau_T \vec{T}\vec{v}\mathrm{d}\vec{S} + \int_V \rho \vec{F}\vec{v}\mathrm{d}V
\end{aligned}
\tag{5-52}
$$

式（5-52）中左端第一项为能量的就地增长率；第二项为流体运动从控制体净流出的能量通量。式（5-52）中右端第一项为传入控制体的热量通量；第二项为流体做的转轴功率；第三项为控制面上法向应力对流体做的功率；第四项为控制面上切向应力对流体做的功率；最后一项为重力以外的其他质量力对流体做的功率。

因为流动为恒定流，则有：

$$\int_V \frac{\partial}{\partial t}\left[\rho\left(e_I + \frac{v^2}{2} + gz\right)\right]\mathrm{d}V = 0 \tag{5-53}$$

质量力只有重力，则有：

$$\int_V \rho \vec{F} \vec{v} \mathrm{d}V = 0 \tag{5-54}$$

理想流体，黏滞性的作用可以忽略，此时 $\tau_T = 0$，同时表面应力各方向均等，成为静水压强，即 $\sigma_n = -p$，则：

$$\oint_S \sigma_n \vec{v} \mathrm{d}\vec{S} = -\oint_S p \vec{v} \mathrm{d}\vec{S}, \quad \oint_S \tau_T \vec{T} \vec{v} \mathrm{d}\vec{S} = 0 \tag{5-55}$$

整理得：

$$\int_S \left[\rho \left(e_1 + \frac{v^2}{2} + gz + p \right) \right] \vec{v} \mathrm{d}\vec{S} = \oint_S \left(\lambda_h \mathrm{grad} T \right) \mathrm{d}\vec{S} - \frac{\mathrm{d}W_s}{\mathrm{d}t} \tag{5-56}$$

（四）热量平衡

水在吸收水蒸气过程中，要放出一些吸收热。吸收热包括两部分：一部分为水蒸气被吸收时所放出的凝结热，另一部分为凝结后的水与冷水的混合热。由于管内水和被吸收水蒸气之间的热交换与吸收热相比很小，可以忽略不计，这时在图 5-22 中所研究的微元内存在能量平衡为：

$$c_p q_m \mathrm{d}t_m = \gamma_\alpha \mathrm{d}q_{mg} + \left[q_m h_i - \left(q_m + \mathrm{d}q_{mg} \right) h_{i+1} \right] \tag{5-57}$$

式中　h_i——水进入微元时的比焓，kJ/kg；

　　　h_{i+1}——水流出微元时的比焓，kJ/kg；

　　　t_m——微元的平均温度，K；

　　　c_p——水的定压比热容，J/（kg·K）；

　　　γ_α——水蒸气的凝结热，J/kg。

对于水冷却管壁，时间从 0~t 时刻，管壁与水之间交换的总热量，根据牛顿冷却公式可表示为：

$$q_b = -\rho_b c_b V_b \frac{\mathrm{d}T}{\mathrm{d}t} = (t_0 - t_\infty) h_b A_b \left(\exp\left(-\frac{h_b A_b}{\rho_b c_b V_b} t \right) \right) \tag{5-58}$$

$$Q_b = \int_0^t q_b \mathrm{d}t = (t_0 - t_\infty) \rho_b c_b V_b \left[1 - \exp\left(-\frac{h_b A_b}{\rho_b c_b V_b} t \right) \right] \tag{5-59}$$

式中　Q_b——管壁的总热量，J；

　　　t_0，t_∞——分别为 0 时刻与 t 时刻管壁温度，K；

　　　c_b——管壁比热容，J/（kg·K）；

　　　ρ_b——管子密度，kg/m³；

　　　V_b——管壁体积，m³；

　　　h_b——管壁与水的表面传热系数，W/（m²·K）；

　　　A_b——管壁与水接触的表面积，m²。

二、SAGD 压井作业注入时间和注入速率简易计算

SAGD 压井过程中，井筒中不断发生热量交换和质量交换，而且实际温度的大小、流体沿管壁流动的均匀性、井筒中介质的组分等都会对压井工艺参数计算的准确性产生影

响。为简化计算、方便现场操作，得到以下简化公式。

（1）注入速率公式：

$$G=0.0304H（T-60）\tag{5-60}$$

式中　G——总注入流速，m^3/h；

　　　H——建立液柱高度（可以以 A 点计算），m；

　　　T——井筒压力下饱和温度，℃。

（2）注入时间计算：

$$t=39.71T/（T-60）\tag{5-61}$$

式中　t——注入时间，h；

　　　T——井筒压力下饱和温度，℃。

例如：$H=500m$，$T=262℃$；算得 $G=3070m^3/h$；$t=51.5h$。

（3）各管柱注入速率计算。

① $2\frac{3}{8}in$ 油管：

$$G_1=0.00076H（T-60）\tag{5-62}$$

式中　G_1——$2\frac{3}{8}in$ 油管注入速率，m^3/h。

② $3\frac{1}{2}in$ 油管：

$$G_2=0.000933H（T-60）\tag{5-63}$$

式中　G_2——$3\frac{1}{2}in$ 油管注入速率，m^3/h。

③ $9\frac{5}{8}in$ 套管与油管环空：

$$G_3=0.00233H（T-60）\tag{5-64}$$

式中　G_3——环空注入速率，m^3/h。

（4）套管中无高温介质只需冷却油管时，油管注入量按式（5-62）和式（5-63）计算，注入时间按式（5-65）计算：

$$t_1=19.06T/（T-60）\tag{5-65}$$

式中　t_1——油管注入时间，h。

三、SAGD 压井的施工步骤

（一）注水设备的选择

采用三台柱塞泵作为注水泵，型号为 3DB4O-1.5/8，其技术参数如下。

（1）进口压力：0.1～1.0MPa。

（2）最大压力：8MPa。

（3）最大流量：1.5t/h。

（4）介质：水。

（5）介质温度：20℃。

（6）电动机功率：5.5kW。

（7）泵进口连接管：$\phi48mm \times 5mm$。

（8）泵出口连接管：$\phi35mm \times 7.5mm$。

（9）外形尺寸：1237mm × 436mm × 612mm。

（二）配套及现场连接

（1）由两台泵组成试压橇，整体吊装放置于平整地面。

（2）注水泵出口与井口连接：一台与套管阀门连接，一台与油管阀门连接（与油管阀门汇总管连接或同时连接主副管）。具体连接方式如图 5-23 所示。

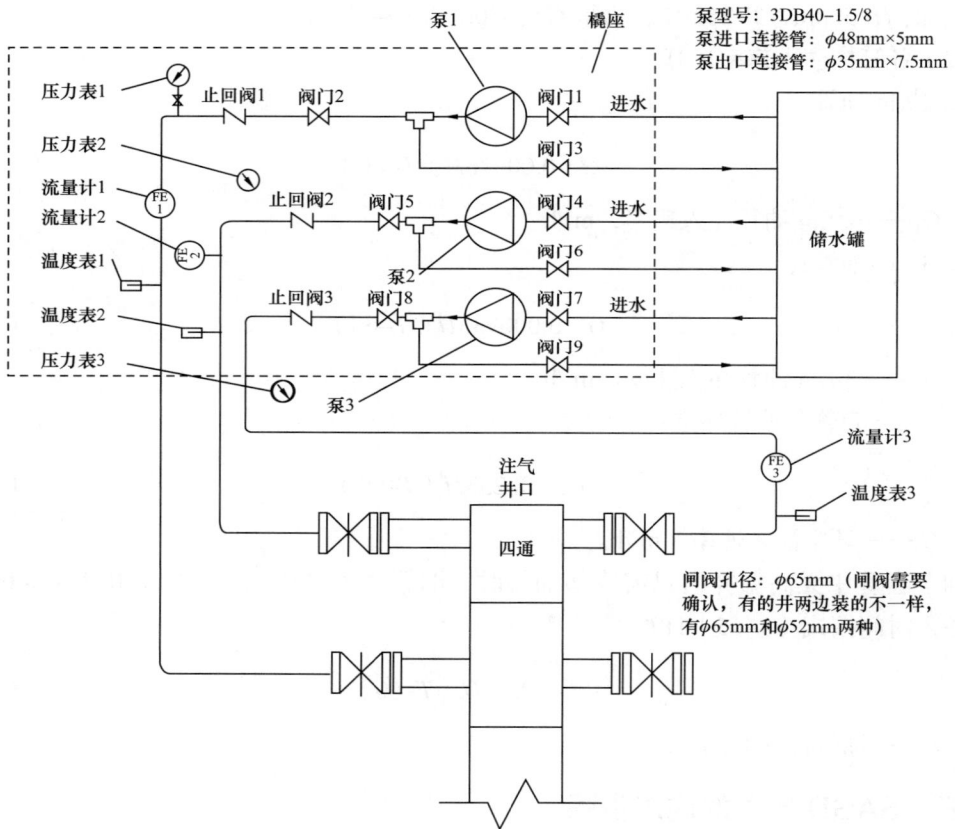

图 5-23　注水泵连接流程图

（3）泵及附属设备用水温度不大于 20℃，采用罐车供水。

（4）泵及附属设备用电取井场已有配电。用电总功率 11kW，电压 380V。

（5）仪器仪表安装，尽可能利用原现场仪表。

（6）连接排空管线。

（三）注水压井过程

（1）开启阀门 1～9。启动泵 1～3。检查泵出口回路是否正常。

（2）打开套管阀门和油管阀门，缓慢关闭阀门 3、阀门 6、阀门 9，维持流量计水量显示在计算值内。

（3）维持注水泵正常注水运行，每 1h 巡检一次，做好运行记录及检查。记录表中注汽井的温度检测点及井的深度，以实际试验井的温度测点布置为准。

（4）当井筒直段底部温度降低至 100℃时，观察井口温度（使用红外线测温仪测量）是否小于 40℃，井口压力是否为零，如一项参数未达到则维持正常注水。

（5）井底温度、井口温度和井口压力达到要求后停泵，关闭阀门 2、阀门 5、阀门 8，完成压井施工。

第四节　冷冻带压更换技术

冷冻暂堵带压更换技术是指在井口带压条件下，向需要压力隔离的位置注入暂堵剂，通过冷冻介质（通常为干冰）低温冷冻形成暂堵桥塞隔离压力，实现安全、可控更换井口装置的技术。在 SAGD 井，特殊的冷冻暂堵更换技术是指冷冻更换光杆与冷冻更换注气井口。

一、SAGD 冷冻暂堵设计与数学模型

冷冻暂堵技术中需要考虑暂堵桥塞长度、冷冻时间等参数。通用的冷冻暂堵技术有以下特点：

（1）能够在环境温度 –35～50℃范围内作业。

（2）能够实施环空与管柱内的同时封堵。

（3）暂堵成功后，安全系数高。只要持续保持低温冷冻，冷冻桥塞就不会失效。

（4）暂堵压力高。目前国内最高暂堵压力达到了 70MPa。

（5）解堵方便。解除冷冻后，可加热升温解堵或自然升温解堵，通过放喷排除暂堵剂。

（6）多层冷冻的必须遵从从外到内逐层冷冻的原则。

在 SAGD 井冷冻施工中，还需要考虑井口高温的影响，降低井内高温对井口冷冻的影响。

（一）冷冻暂堵作业受力分析

冷冻暂堵桥塞可以建立一个模型，如图 5-24 所示，即一个油管或套管内存在的暂堵桥塞体。该暂堵桥塞体经过冷冻、膨胀，紧密贴合在油、套管壁上，依靠黏附力，承受井内压力。该暂堵桥塞体受到三个力，即黏附

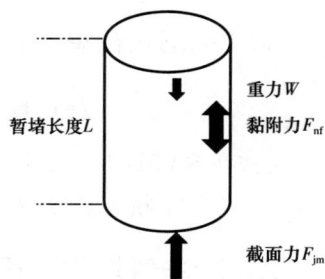

图 5-24　冷冻暂堵桥塞井筒模型图

力 F_{nf}、重力 W、截面力 F_{jm}：

在该模型中，暂堵桥塞本身的重力相比剩余两个力可以忽略。

（二）参数计算

（1）截面力。

$$F_{jm} = \frac{3.14 \times p \times D^2}{4000} \tag{5-66}$$

式中　F_{jm}——截面力，kN；

　　　p——井口压力，MPa；

　　　D——段塞外径，mm。

（2）黏附力。

冷冻暂堵桥塞的黏附力主要与黏附表面的大小有关。通常情况下，当套管、油管内径确定后，黏附力与冷冻暂堵桥塞长度有关：

$$L = 0.09 \times \lambda pD \tag{5-67}$$

式中　L——冷冻盒高度，即冷冻暂堵桥塞长度，mm；

　　　p——井口压强，MPa；

　　　D——冷冻段塞外径，mm；

　　　λ——系数，取 1.5~2。

（3）冷冻时间。

推荐冷冻时间按 1h/in 的管柱直径计算。在冷冻暂堵更换光杆时，冷冻部位为油管头（又称下半套采油树）；在冷冻暂堵更换注气井口时，冷冻部位为表层套管。

（三）SAGD 带压作业简要计算

假设有某口 SAGD 井，井口压力 5MPa，井内主管管柱为外径 ϕ114.3mm（内径 ϕ100.5mm），生产套管外径 ϕ244.5mm（内径 ϕ224.4mm）。求该井套管冷冻暂堵桥塞的截面力、冷冻暂堵桥塞长度。

（1）截面力：

$$F_{jm} = \frac{3.14 \times p \times D^2}{4000} = 3.14 \times 5 \times 224.4^2 \div 4000 = 197.64（kN）$$

（2）冷冻暂堵桥塞长度：

$$L = 0.09 \times \lambda pD = 0.09 \times 2 \times 5 \times 224.4 = 201.96（mm）$$

通常在 SAGD 井，更换光杆时，冷冻暂堵桥塞长度取值不小于 500mm；更换注气井口时，冷冻暂堵桥塞长度取值不小于 1000mm，则可以满足井口压力承压要求。

二、冷冻暂堵作业相关设备

SAGD 井开展冷冻暂堵作业，需要利用冷冻暂堵设备挤入暂堵剂，利用等离子切割设备切割井口以及利用电火花切割设备切割油管螺纹等。

（一）冷冻暂堵设备

采用的冷冻暂堵设备压力等级有 70MPa 和 105MPa，主要由动力源、液压控制系统、暂堵剂注入系统和高温高压清洗装置等组成，如图 5-25 所示。通过冷冻暂堵设备，可以实现向井内注入暂堵剂，以及起到冷冻合格后对冷冻暂堵桥塞试压的作用，如图 5-26 所示。

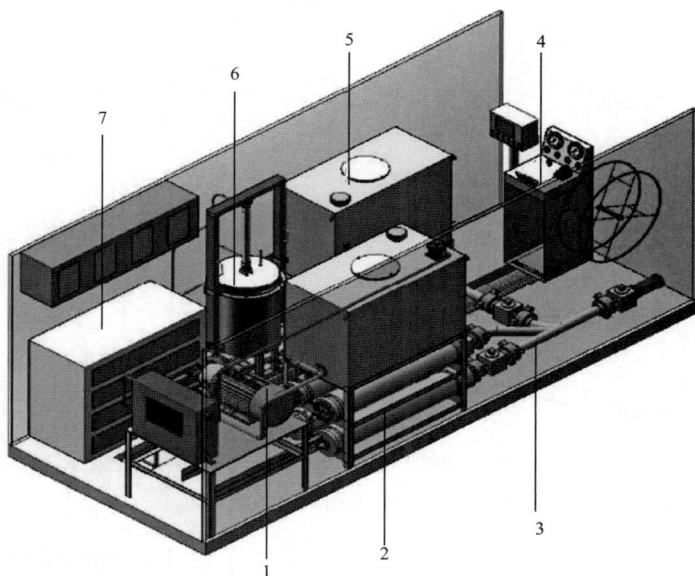

图 5-25　冷冻暂堵设备组成示意图

1—动力系统；2—凝胶注入系统；3—注入管汇；4—液控系统；5—高温高压清洗装置；6—凝胶储罐；7—工具柜

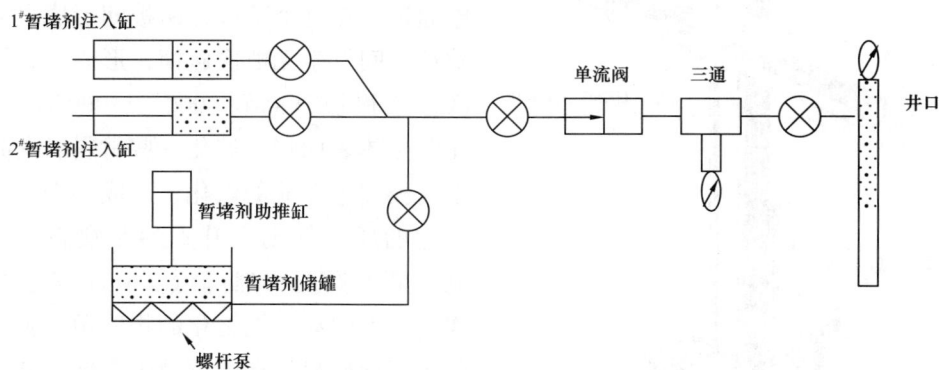

图 5-26　冷冻暂堵设备暂堵剂注入、试压示意图

（二）等离子切割设备

等离子切割设备的原理是利用高温等离子电弧的热量使工件切口处的金属部分局部熔化或蒸发，并借助高速等离子的动量排除熔融金属以形成切口。该设备具有切割速度快、

精度高、切割口小、整齐、无掉渣现象，适用于低碳钢板、铜板、铁板、铝板、镀锌板、钛金板等金属板材。设备结构如图 5-27 所示。在 SAGD 井冷冻暂堵作业中，用于切割注气井口，提高作业效率。

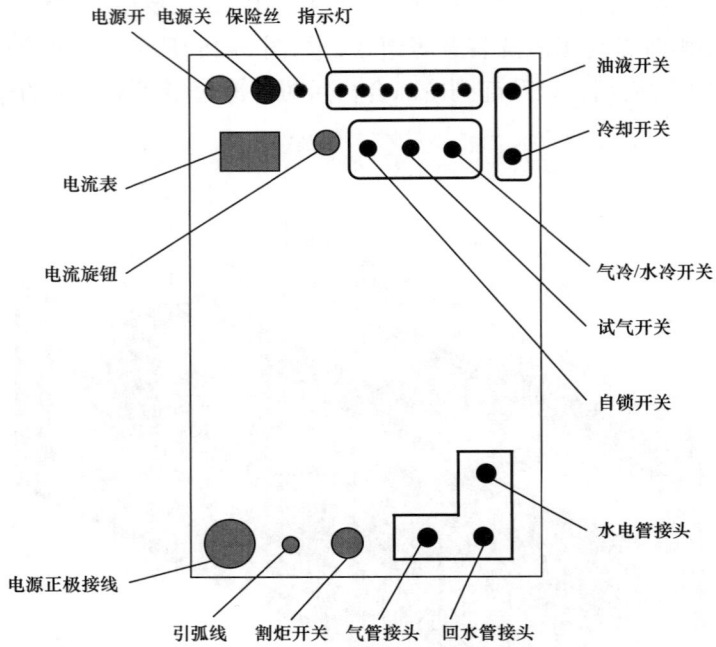

图 5-27　等离子切割设备示意图

（三）电火花切割设备

电火花切割设备的原理是自由正离子和电子在场中积累，很快形成一个被电离的导电通道。在这个阶段，两板间形成电流，导致粒子间发生无数次碰撞，形成一个等离子区，并很快升高到 8000～12000 ℃ 的高温，在两导体表面瞬间熔化一些材料。同时，由于电极和电介液的汽化，形成一个气泡，并且它的压力规则上升直到非常高。然后电流中断，温度突然降低，引起气泡内向爆炸，产生的动力把熔化的物质抛出弹坑，然后被腐蚀的材料在电解液中重新凝结成小的球体，并被电解液排走。通过数控设备的监测和管控，伺服机构执行，使这种放电现象均匀一致。电火花切割设备机械运动部分如图 5-28 所示，在 SAGD 井冷冻暂堵作业中，

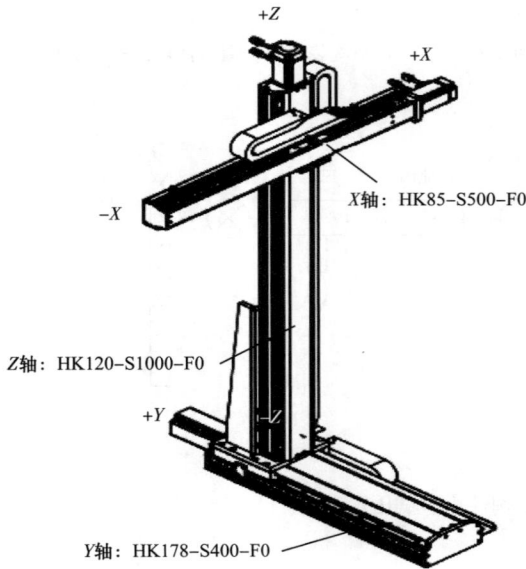

图 5-28　电火花切割设备机械部分三维示意图

用于切割油管螺纹，释放螺纹上原有应力，降低施工劳动强度，提高拆卸注气井口管挂的安全性。

三、冷冻暂堵更换 P 井光杆和 I 井注气井口

（一）更换 P 井光杆

（1）存在光杆磨损严重，需要维修 P 井停注停抽关井；

（2）泵车向井内泵入凉水，降低井口温度至 40℃以下；

（3）利用冷冻暂堵设备，向油管与油套环形空间、抽油杆与油管环形空间内注入暂堵剂；

（4）在油管头位置安装冷冻盒，并在冷冻盒中加入干冰实施冷冻；

（5）预计冷冻时间到达后，对油管与抽油杆的环形空间内冷冻暂堵桥塞试压合格；

（6）确认冷冻暂堵成功后，更换磨损的光杆，如图 5-29 所示，关闭井口；

图 5-29　SAGD 井光杆现场施工图

（7）作业完成后，解冻放喷，恢复抽油生产。

（二）更换 I 井注气井口

（1）存在注气井口壁厚变薄，需要维修的 I 井井口停注关井；

（2）泵车向井内泵入凉水，降低井口温度至 40℃以下；

（3）利用冷冻暂堵设备，向四个空间，即表套与油套环形空间、油套与主管（及副管）环形空间、主管内空间、副管内空间，注入暂堵剂；

（4）在表层套管外安装冷冻盒，并在冷冻盒中加入干冰实施冷冻；

（5）预计冷冻时间到达后，对四个空间冷冻暂堵桥塞试压合格；

（6）确认冷冻暂堵成功后，利用等离子设备切割井口，如图 5-30 和图 5-31 所示，利用电火花设备切割主管、副管螺纹，更换新的注气井口装置；

（7）作业完成后，解冻放喷，恢复注气生产。

图 5-30　等离子切割注气井口现场图

图 5-31　电火花切割后油管螺纹现场图

四、典型案例

（一）SAGD 注汽井冷冻暂堵更换井口井喷事件

1. 基本情况

该井是某区块 SAGD 井区的一口水平注汽井，由某公司冷冻班组于 2015 年 10 月冷冻暂堵更换井口施工。该井人工井底 694.78m，垂深 220m，最大井斜角 87.91°。井口压力套管、主管、副管压力 2.5MPa，该井于 2015 年 10 月 21 日注入高温分散剂 10t、氮气 $4 \times 10^4 m^3$，10 月 29 日下午上修后该井停注，关井井底温度 230℃。

原井井口为 KRS14–337–78×52 双管注气井口，上修前套管头与大四通连接法兰刺漏。

2. 事件经过

10 月 28 日，现场勘察，发现套管头与四通连接法兰处刺漏，有蒸汽冒出，现场地面有大量稠油。

10 月 29 日 18：30 向井内注入堵漏剂 10L 对刺漏点堵漏成功。

19：00 从套管挤入脱油污水 $15m^3$，主、副管各挤入 $5m^3$。

21：00 分别注入表套冻胶 60L，油套 300L，主管 80L，副管 20L。

23：00 加入干冰及乙醇，每隔两小时定时加入干冰及乙醇，共计加入干冰 600kg，乙醇 24L。

10 月 30 日 11：00 油套试压 14MPa，试压不合格，重新注入冻胶继续冷冻。

10 月 31 日 11：00 油套试压 14MPa，试压不合格，继续冷冻。

11 月 1 日 11：00 油套试压 14MPa 合格，主管、副管试压 14MPa 合格。

16：30 开始切割井口。

18：30 拆除全套采油树发现套管头钢圈槽损伤，更换套管头。

11 月 2 日 1：00 井口更换安装完毕，拆除冷冻盒，其中采油树的六通和下部四通采用派克螺栓连接，现场逐渐拉紧螺栓，持续监测解冻情况。

10：00 在采方人员的监督下，作业人员用 24in 管钳带加力杆逐渐紧固派克螺栓，管柱无下行，持续进行监测和紧固螺栓。

13：00 大量冻胶突然从井内溢出，大概 15s 后，大量蒸汽喷出，作业人员迅速撤离井口，井口失控，井口压力为 2.5MPa。

此时井口的状态：两个套管阀门全关，主管侧翼阀门打开（目的是观察冻胶排出情况），主管上部及副管上部阀门关闭，副管侧翼阀门关闭。

3. 处置过程

11 月 2 日 14：00 现场人员从副管接出 $\phi60.3mm$ 油管 20m，安装控制阀门，并打开副管侧翼阀门，2 部泵车和 4 部清水罐车配合，用清水 $100m^3$ 循环降温；同时吊车活动吊臂，试图让六通和大四通之间的钢圈入槽，未成功。

16：00 用长臂挖沟机强行下压提升短节，试图将六通压下，未成功。

18：00—24：00，双泵并泵从副管注清水进行冷却。

11 月 3 日 3：00 用 $45m^3$ $1.85g/cm^3$ 的压井液通过副管循环注入井内压井，泵压 4.5MPa，压井深度 389m（垂深 215m），压井失败。

9：00 装载机清理井口油污、填埋井口冷冻坑；发现主管侧翼阀门已经刺漏，不具备主、副管同时压井的条件。

10：00 持续通过副管，用双泵车注入清水进行降温，排量 $1.5m^3/min$，累计注入清水

150m³。

11: 30 用双泵车从副管注入 2.0g/cm³ 的压井液 40m³。

12: 50 停止井喷，继续泵入 2.0g/cm³ 的压井液，同时水力切割损坏井口。

18: 00 更换完成全套采油树。

4. 原因分析

（1）该井工艺存在缺陷，无法保证施工全程井口受控。这是发生井喷失控的根本原因。

（2）在解冻过程中，该井井内管柱在重力及下压力作用下不能下行，导致解冻后井口六通不能与井口四通连接，井内高温高压蒸汽喷出井筒。这是发生井喷失控的直接原因。

（3）本次作业是井冷冻暂堵技术初次应用于 SAGD 井，无经验可循。施工前未明确停注时间要求，也未监测井底压力及温度变化趋势，也没有洗井降温，导致井喷时应急处置难度加大。

（4）对 SAGD 井压井缺乏理论支撑，将 SAGD 井压井等同于常规油井压井，未考虑超高温对压井液性能的破坏及汽化影响，导致压井失败。

（5）工艺存在缺陷，在风险识别时对该井的井况信息收集不全，对前次作业完井时管柱无法下放并未重视，二者叠加最终导致了井喷。

（二）SAGD 生产井冷冻暂堵更换光杆井喷事件

1. 基本情况

该井是某区块 SAGD 井区水平生产井，由某公司冷冻班组于 2017 年 5 月冷冻暂堵更换光杆施工。该井人工井底为 859.77m，垂深为 287.61m，最大井斜角为 91.2°。井口压力套管、主管、副管压力为 5MPa，5 月 12 日上午上修后该井停注，关井井底温度 223℃。

本次修井作业更换原井光杆、注脂密封盒，恢复油井正常生产。

2. 事件经过

5 月 12 日 16: 00 注入清水 20m³ 反洗井，主管未见清水返出，从主管挤注清水，泵压 10MPa，挤不进去，停泵。

5 月 13 日 9: 45 注入管线试压 10MPa 合格，分别向套管挤入冻胶 200L，挤入压力 5MPa；向主管挤入冻胶 80L，挤入压力 10MPa。每隔 1h 加入干冰及乙醇开始冷冻，累计加入干冰 280kg、乙醇 40L。

15: 00 井口四通试压 10MPa，试压合格；主管试压 14MPa，试压合格。套管及主管，负压测试 30min，合格。

16: 00 拆除三通下法兰螺栓及注脂盒、密封盒，期间加入干冰 30kg、乙醇 5L。

16: 30 尝试拆除光杆防脱器接箍，扣紧无法拆卸，期间加入干冰 30kg、乙醇 5L。

17: 30 使用氧乙炔焊烘烤光杆防脱器接箍 30min，卸扣成功。

18: 00 安装新光杆、三通完，期间加入干冰 30kg、乙醇 5L。

18: 25 冻胶、油汽混合物从三通上部溢出，喷势迅速增大，井口失控。

3. 处置过程

5 月 13 日 19：30，接到险情，组织泵车 2 部，水罐车 7 部，备密度为 1.8g/cm³ 的压井液罐车 4 部，合计 90m³；

20：30 同时从套管和副管向井内挤入清水降温。

21：20 组织人员进行第一次抢坐注脂盒和密封盒，未成功，继续用清水降温。

5 月 14 日 0：00 用 90m³ 1.8g/cm³ 压井液从套管和副管注入压井。

0：30 组织人员成功拆除光杆上注脂盒和密封盒。

1：00 从光杆上套入油管短节和旋塞成功。

1：10 开始紧固井口螺栓。

1：30 紧固井口螺栓完毕，关闭主管阀门，井口受控，观察 30min，井口无刺漏。

4. 原因分析

（1）施工时只对井口大四通位置进行冷冻。冷冻段塞短，无法保证套管头部位冷冻，且试压部位为井口四通，无法对套管环空试压。井口四通冷冻段塞强度仅能通过负压测试验证。在使用氧乙炔焊烘烤过程中，冷冻段塞受井内热量及外部热量同时双向作用，加速了解冻速度，致使上部连接未完成时，井内冻胶及高温油、汽喷出，发生井喷。

（2）该井转抽后，一直注汽，时间长，汽腔能量充足，上修时油套压力均为 5MPa。上修当天才停注，压力高，停注时间短，造成上修作业时井内温度较高，井筒内依然是高温高压蒸汽。井筒内传热速度大于冷冻剂降温速度，冷冻持续时间内完不成更换作业，最终导致井喷发生。

（3）该井主管下部为泵筒，无法正循环或正挤，注冻胶时压缩主管内高温高压气体，气体窜入冷冻段塞中，造成冷冻段塞不连续，强度减弱，致使解冻时间缩短。

（4）该井无法正循环洗井降温，反循环洗井井口未见液就停止洗井，未持续泵注清水降温，同时未监测井底压力及温度变化趋势，未预判到高温高压对冷冻造成的不利影响。

（三）取得的经验

纵观这两次井喷事件，均在工艺不十分完善、没有降温降压、风险预判不到位的情况下发生的。通过对应急抢险过程及事件原因分析，总结经验如下。

（1）SAGD 井冷冻暂堵作业前一定要停注，清水降温降压，达到 A 点温度降至 110～120℃、井口压力降至 1.3～1.5MPa。具备条件的要求 500m 范围内注汽井提前 7d 关井停注。无法满足 500m 范围内停注则要求施工井停注，监测井底压力及温度变化趋势，如波动不明显，则降温降压达到要求即可。

（2）施工工艺方案必须确保施工全程井控受控。达不到全程井控受控条件的，坚决不能施工。

（3）冷冻完成后，井口已经割开或拆卸的，如管杆卸扣困难无法卸开的，不允许使用氧乙炔焊烘烤，应直接采取相应措施恢复井口，避免井口失控。

（4）应急处置要遵循降温降压、引流抢装原则。

第六章 技术标准及规范

没有规矩不成方圆，要保证SAGD井作业关键技术的实施，需要遵循一定的科学规律和技术手段，需要对作业过程实施全方位、全过程控制，进而形成系列的技术标准和规范文件并严格执行。这些标准和规范，涵盖了SAGD作业的全过程，严格按照标准和规范操作方能确保作业的安全、高效。如果不按照标准和规范实施，将会影响作业的效果甚至造成危害。

通过对地面专用设备设施、专用工具、作业工艺、设备操作、应急处置等不同环节多角度、全流程、全方位地进行提炼，结合理论分析、实验室和现场试验验证，形成关键工艺及配套装置的应用、操作技术标准和工艺规范，以保证关键工艺技术实施的每一环节，确保地面装备、井下工具与开发工艺吻合、作业工艺与生产需求吻合。

系列技术标准和工艺规范的制订和实施，为新疆油田SAGD工艺的规模化和工业化应用提供了有力支撑，为SAGD井作业提供了技术保障，为推动储层、井筒、地面一体化工程技术的进步发挥了积极的作用。

（1）形成的技术标准。

经过长期的验证，形成了9项技术标准，见表6-1。

表6-1 形成的技术标准

序号	标准名称	标准号	发布日期	实施日期
1	同心管注汽井口装置	Q/SY XJ 0595—2014	2014.01.17	2014.01.30
2	KRS14-337-79×52-P/I 注采井口装置	Q/SY XJ 0170—2015	2015.03.15	2015.05.30
3	油田过热注汽锅炉给水水质指标	Q/SY XJ 0304—2019	2019.11.29	2019.12.30
4	带压作业机操作与保养规程	Q/SY XJ 0592—2019	2019.11.29	2019.12.30
5	冷冻暂堵设备安全操作规程	Q/SY XJ 0591—2014	2014.01.17	2014.01.30
6	连续油管作业设备操作规程	Q/SY XJ 0174—2016	2016.01.01	2016.02.01
7	连续油管冲砂作业规范	Q/SY XJ 0007—2015	2015.06.01	2015.06.15
8	氮气泡沫冲砂作业规范	Q/SY XJ 0006—2015	2015.06.01	2015.06.15
9	特种法兰式热采井口装置	Q/SY XJ 0861—2014	2014.01.17	2014.01.30

（2）形成的技术规范。

经过反复实践，形成11项技术规范，见表6-2。

（3）形成的主要专利技术。

通过不断创新，在技术研究的同时，申请了15项专利技术，见表6-3。

表 6-2　形成的技术规范

序号	技术规范名称
1	SAGD 井作业工艺技术
2	冷冻暂堵更换 SAGD 井光杆作业
3	冷冻暂堵更换 SAGD 井注汽井口作业
4	冷冻暂堵更换热采井密封盒作业
5	带压钻孔设备作业指导书
6	等离子切割操作规程
7	电火花切割操作规程
8	热采带压设备操作规程
9	SAGD 连续油管测试、入井操作规程
10	连续油管氮气泡沫冲砂作业规范
11	连续油管酸化压裂操作规范

表 6-3　形成的主要专利技术

序号	专利名称	申请号	专利类型	申请日期	授权日期
1	锥形丢手式油管堵塞器	CN201010617295.9	发明	2010.12.31	2014.1.1
2	高干度油田注汽锅炉和高干度蒸汽生产方法	CN200810304134.7	发明	2008.8.22	2012.8.22
3	除盐装置及油田过热注汽锅炉蒸汽除盐装置	CN201710008287.6	发明	2017.1.5	2019.2.5
4	管中管稠油注汽井口装置	CN201310387328.9	发明	2013.8.30	2016.7.20
5	胀芯式机械带压换阀装置	CN201310543984.3	发明	2013.11.6	2016.7.6
6	高压注汽锅炉用软化水处理装置	CN201120091929.1	实用新型	2011.3.31	2011.10.26
7	轻便式泡沫发生器	CN201220256449	实用新型	2012.6.1	2012.12.12
8	高干度油田注汽锅炉	CN201220256447.1	实用新型	2012.6.1	2013.1.9
9	油田过热注汽锅炉掺混装置	CN201120567876.6	实用新型	2011.12.30	2012.12.12
10	管柱氮气泡沫冲砂洗井装置	CN201220256468.3	实用新型	2012.6.1	2013.3.13
11	SAGD 注汽井口装置	CN201721883798.4	实用新型	2017.12.28	2018.9.25
12	SAGD 采油生产井口装置	CN201721882232.X	实用新型	2017.12.28	2018.9.25
13	带压更换 SAGD 井口装置	CN201721883842.1	实用新型	2017.12.28	2018.9.25
14	可带压作业热采井口装置	CN201721882206.7	实用新型	2017.12.28	2018.9.11
15	控压泵底阀及控压装置	CN201820713645.3	实用新型	2018.5.14	2019.1.15

（4）形成的特色装备。

形成了 5 种系列特色装备，见表 6-4。

表 6-4　形成的特色装备

序号	装备名称	装备型号
1	SAGD 注汽井口装置	KRS14–337–79 × 52–I
2	SAGD 采油井口装置	KRS14–337–79 × 52–P
3	冷冻带压更换 SAGD 井口装置	KRS14–337–78 × 52DC
4	同心管注汽井口装置	KRT14–337–A（B）
5	过热油田注汽锅炉	YZG22.5–14/360–G

参 考 文 献

［1］庞德新.连续油管作业技术实践［M］.北京：石油工业出版社，2020.

［2］高亮，王海涛，庞德新.管中管稠油注汽井口装置［P］.ZL201310387328.9，2016-07-20.

［3］孔珑.工程流体力学［M］.2版.北京：水力电力出版社，1992.

［4］林宗虎.气液两相流旋涡脱落特性及工程应用［M］.北京：化学工业出版社，2001.

［5］唐汝均.机械工程材料测试手册［M］.沈阳：辽宁科学技术出版社，1999.

［6］高亮，王海涛.一种SAGD注采井口装置的研究与应用［J］.新疆石油天然气.2016，12（2）：74-75.

参考文献

[1] ....

[2] ....

[3] ....

[4] ....

[5] ....

[6] ....

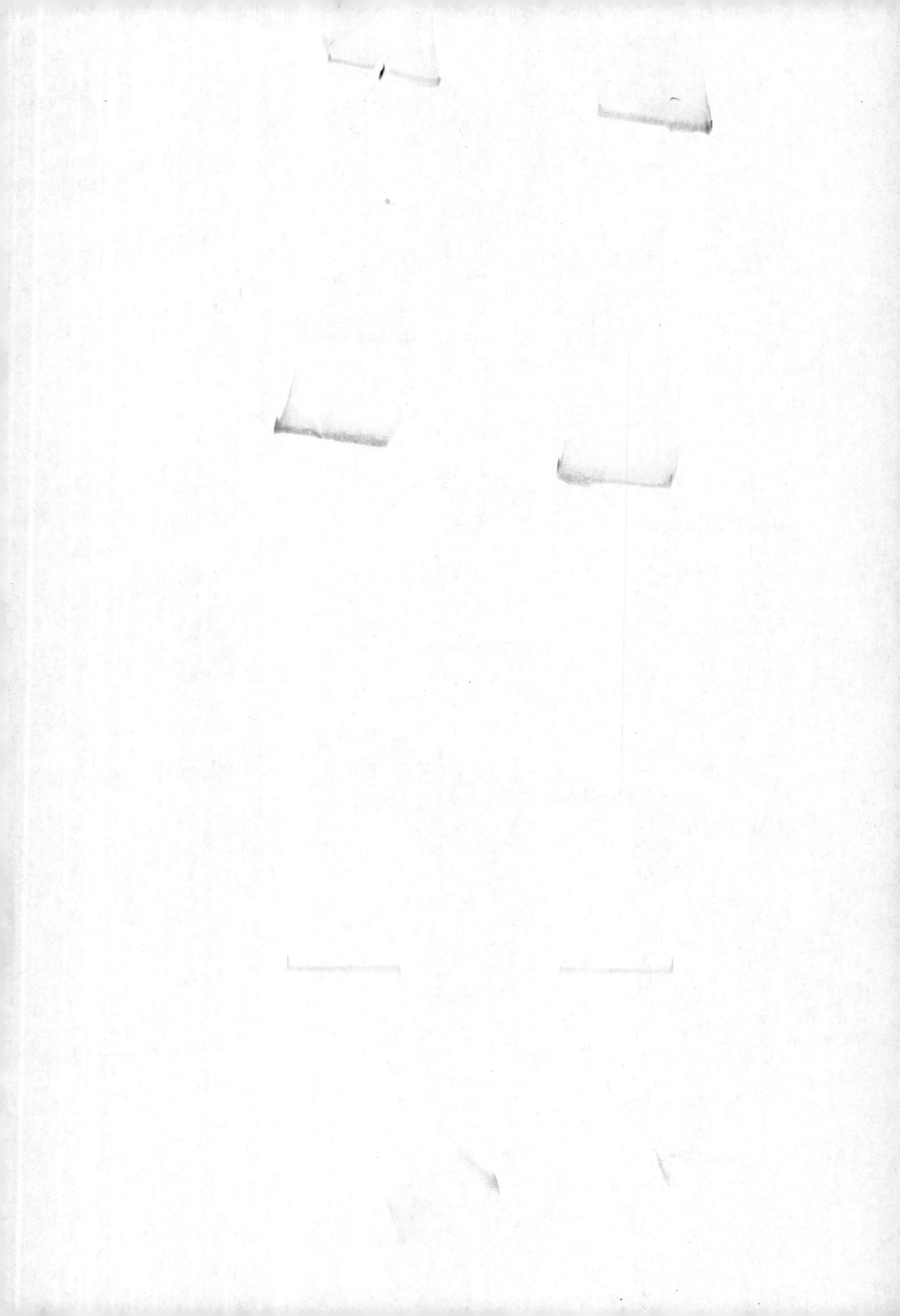